建筑工人职业技能培训教材

砌 细 工

广东省建设教育协会　组织编写

中国建筑工业出版社

图书在版编目（CIP）数据

砌细工/广东省建设教育协会组织编写．—北京：中国
建筑工业出版社，2017.10
建筑工人职业技能培训教材
ISBN 978-7-112-21172-2

Ⅰ.①砌…　Ⅱ.①广…　Ⅲ.①古建筑-雕刻-技术培训-
教材　Ⅳ.①TS932.3

中国版本图书馆 CIP 数据核字（2017）第 216034 号

责任编辑：李　明　李　杰　赵云波
责任校对：焦　乐　李美娜

建筑工人职业技能培训教材
砌　细　工
广东省建设教育协会　组织编写

*

中国建筑工业出版社出版、发行（北京海淀三里河路 9 号）
各地新华书店、建筑书店经销
北京红光制版公司制版
北京同文印刷有限责任公司印刷

*

开本：850×1168毫米　1/32　印张：4　字数：107 千字
2018 年 3 月第一版　2018 年 3 月第一次印刷
定价：**14.00 元**
ISBN 978-7-112-21172-2
（30821）

目　　录

一、木材的基本知识

（一）树　材

木材来源于各种树林。能够制配成各种规格木材，主要是树木的主干。事实上，其他部分也有一定的用处，例如，次干可制作成小规格的木材，大型的树根可锯割成板材，外观美丽的木装饰性特别强，外形奇特的树根可塑造成家具与艺术根雕品。

1. 树材的基本分类

木材按树种分有针叶树与阔叶树两大类。针叶树叶子呈针状，树干一般长而直，纹理直，材质均匀，木质较软，加工比较容易。阔叶树的树干一般较短，材质较硬，木纹扭曲，易开裂变形。

阔叶类树材可分为环状阔叶树和散状阔叶树两种。环状阔叶树木质较沉重，树干多为心材，如榆树、槐树等；散状阔叶木质松软，多为边材，其特点是年轮很难分辨，木质均匀，心材与边材也不易区分，如杨树、柳树、桉树、榆树等。

木材按树木的产地分，根据产地的名称来称呼，如松木有东北松、江西松、美松、加拿大松等。同一种树种的材质，产于不同的地区，其性能有较大的差异。即使是同一棵树木，向阳面与背阳面，性质也有一定的不同；即使同种木料，使用点在北方与使用点在南方，其性能也可能发生一些变化。

2. 木材的组织结构

木材的构造是决定木材性能的主要因素。由于树种的不同与生长环境的不同，各种木材在构造上的差别相当大。

用肉眼或借助低倍放大镜所能见到的木材构造特征为宏观特征，也叫木材的粗视特征。

了解木材的构造，可通过其横切面、径切面和弦切面三个切面来观察，如图 1-1 所示。

横切面是与树干纵向轴线垂直锯割的切面，径切面是通过髓心的纵向切面，弦切面是垂直于端面与年轮相切的纵向切面。

树木一般分为树皮、木质部和髓心三个主要部分，如图 1-2 所示。树皮在工程用料中被剥去，在某些艺术木制品中，保留树皮，作为一种特殊的艺术处理手法。

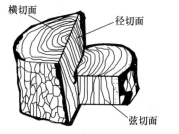 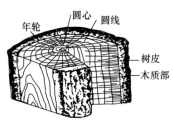

图 1-1　木材的三个剖面　　　　图 1-2　树木的宏观组织

木质部是木材的主体，其构造特征包括年轮、早材和晚材、边材和心材，树脂道、管孔、轴向薄壁组织、木射线和波痕等。

（1）年轮、春材、秋材

从横切面可以看到，围绕髓心一圈圈呈同心圆分布的木质层，称为年轮。年轮由春材（早材）和秋材（晚材）两部分组成。年轮实际上就是树林在生长过程中，每年形成层向内生长的一层。每个年轮内，靠里面的一部分是树木生长季春季形成的，颜色较淡，材质较软，因而叫春材。靠外面的一部分是夏末生成的，颜色较深，组织较密，材质较硬，因而叫秋材。

年轮有宽有窄，这一方面是因树种不同而不同，如泡桐的年轮宽，檀树的年轮很窄；另一方面即使是同一树种，由于生长的环境不同，年轮的宽窄变化也很大，如干旱、寒冷、土壤瘠薄的地带或种植稀疏的，生长速度较缓慢，其年轮较狭窄，反之，生成速度快的，则年轮较宽。另外，树干向阳一侧，生长较快，年轮较宽；背阳一侧，生长迟缓，年轮较窄，因此年轮多为不规则的扁圆形。

秋材所占的比例愈大，木材的强度与表现密度就愈大。当树种相同时，年轮稠密均匀者材质较好。

（2）髓心、髓线

在树木中心由第一轮年轮组成的初生木质部分称为髓心（又称树心）。它材质松软，强度低，易腐朽开裂，有的树种形成孔洞。从髓心线呈射状穿过年轮的条线称为髓线。髓线与周围细胞连接着，在干燥过程中易沿髓线开裂。

（3）心材与边材

心材指木材横切面上靠近树心的部分，颜色比较深。心材纤维较稠密，收缩性比边材小，耐腐朽，是木质较坚韧的部分。心材范围内的春材和秋材，年久之后不易分辨，木质丧失生理活动功能。边材指距离树皮近的，木质色泽淡的部分。边材木质较松软，水分较多，耐腐性差。边材在生长过程中，随着树龄增长逐渐变为心材。

（4）纹理

木材纹理是指各种细胞的排列情况。根据年轮的宽窄和变化缓急，可分为粗纹理和细纹理，如梧桐树是粗纹理，柏树是细纹理。根据木纹方向可为直纹理、斜纹理、乱纹理。直纹理强度大、易加工，如杉木。斜纹理是指弯曲的树木，或斜向锯割的板材。乱纹理又称横逆纹，是细胞互相交错的木材，或因锯割方向不同而形成的。斜纹理和乱纹理的强度都较低，很不容易加工，但能刨削成好看的木纹花纹。

3. 树种的基本性质

树的种类十分复杂，在这里介绍常用的几种树种。

银杏：无树脂道，呈褐黄与淡黄色。纹理直，组织结构细、质轻、软、变形小，加工容易。

杉木：无树脂道，呈淡褐色与淡黄白色。原木长可达 30m 以上。木纹平直，结构细致，质地轻松容易加工，能耐朽，收缩变形小，顺向断面有山水形成纹路，有杉木味。

松木：松木有许多品种，来源广泛。一般都有树脂道，且多而大，发出松脂松香味。木质粗糙，纹理直行，强度比杉木高，富有弹性，但加工比杉木难。材色因树种不同而异，例如红松呈黄红色与黄白色，白松呈淡黄白色。松木最大的缺点是收缩变形大，受潮易霉烂，并易受白蚁蛀蚀。一般木工精制中常用红松等材质较好的松木。

樟木：樟木有沙樟、黄樟、红樟、白樟多种。边材呈黄白色或红褐色，心材呈红褐色，樟脑气味浓厚，不怕虫蛀，结构细致，有较好的韧性，纹理交错，顺纹山形木纹明显，美观好看。稍比杉木重，变形仅比杉木大一些，强度大于杉木，刨削光滑，容易加工。

楠木：我国珍贵的树种之一，树皮略厚，边材淡黄褐或微绿色，心材黄褐或微红色，有光泽，散发香味，味苦。木纹直行或斜行，木质结构较粗，易加工，易干燥，不易变形，耐久性强等。

实际上应用的树种很多，应该根据木制产品的适用环境，使用功能和提供材料的可能性，合理选用相应的树种。

木材的种类很多，短时间内识别木材的树种，的确是比较困难。一般识别树种的方法如下：

（1）从锯截面上观察木质组成的特征。如杉木的木质轻，纹理直行，结构细密，年轮明晰，心、边材的区分略明显。从木材色泽中识别，但要注意新口或旧口。旧口木材与阳光、空气直接接触时间较长，色泽比原色深，新口木材则色泽较淡。如新锯割的杉木色泽白心材带黄色或淡红色。

（2）从木材色泽中识别，但要注意新口或旧口。旧口木材与阳光、空气直接接触时间较长，色泽比原色深，新口木材则色泽较淡。如新锯割的杉木色泽白心材带黄色或淡红色。

（3）从木材的气味中识别，松木有松香气味，樟木有樟脑气味。

（4）从树皮的形状与颜色来识别，例如：红松树皮上有细小的暗刺，容易刺手；杉木皮厚，容易剥脱，无刺。

（5）从刨削后的木纹纹理识别。例如水曲柳的木纹细密，樟树的木纹宽大。

（二）木材的基本性能

1. 外观材质

木材作为装饰用料比较多，而且有些木制品本身具有相当明显的外观造型的功能，故对木材的外观材质提出相应的要求，尤其是在木材产品的外表面做清水或半清水涂料，则外观材质显得更重要。

木材具有很好的自然色彩，有些树种还具有一定的光泽度。木材的自然色彩只能做到大体上的统一，即使是同一棵树木上取下的木材，边材与心材颜色就不大相同，靠近树根处的木材与主干上部的木材，其颜色也不尽相同。所以，为了达到一定的木材色彩要求，首先要求正确选用相应的树种，然后合理选用树木上各个部位的料块，最后才在油漆涂刷时作补色处理。

木材具有美观、雅致的木纹，能给人一种赏心悦目的感觉。木纹形状因树种不同而异，还可通过锯割树木的不同部位而获得不同的形状。但是，木纹的走势、木纤维的组织方向对刨削木材的难易程度有较大的影响。

各种木材经刨削磨光处理后，表面的光洁实心密实情况有很大的差别。一般说来，组织稀疏、细胞腔大型，则表面毛糙，且木纤维呈现凹凸高低不平，表面难以获得光滑、平整、密实、细致的效果。相反，则能够获得光滑、细致的外观效果。

对于木材的开裂、变形、霉斑、蛀洞等不良现象的控制，这也是木材外观质量上的基本要求。

2. 木材含水状态

木材中的水分，指的是存在于细胞腔内的自由水、存在于细胞壁内的吸附水、构成细胞化学成分的化合水三部分。自由水对木材性能影响不大，吸附水则是影响木材性质的主要因素，化合水是组成木材有机质的一种化合物要素，直接决定了化合物的化学、物理、生理性质，通常是不起变化的。

木材的含水量，以木材所含水质量与木材干燥质量的比值，即用含水率（％）表示。

潮湿的木材在干燥的空气中失去水分；干燥的木材也会从潮湿的空气中吸收水分（称为吸湿）。当木材的含水率与空气相对湿度已达平衡而不再变化时，此时的含水率叫作平衡含水率。平衡含水率随着大气的温度、湿度而变化。我国平衡含水率平均为15％（北方为12％，南方为18％）。

将木材置于适当的地方，让其自然干燥，含水率接近平衡含水率的木材，称为气干材，含水率一般在15％左右。

试验研究中，将木材干燥到不含自由水和吸附水的状态，此时的木材称为全干材，又称为绝干木材。

3. 木材的变形

当木材从潮湿状态干燥到纤维饱和点的过程中，其尺寸并不改变，仅表现密度减轻，当木材干燥至纤维饱和点以下，细胞壁中的吸附水开始蒸发时，木材将发生收缩；反之，当干燥木材吸湿时，由于吸附水的增加，将发生体积膨胀，直到含水率达到纤维饱和点为止，此后木材的含水量继续增加，体积却不再变化。

由于木材具有干缩、湿胀的性质，同时树干内部的组织构造不均匀，故在不同方向和不同部位干缩值不同。一般的树木，顺纹方向干缩最小，平均为 $0.1\% \sim 0.35\%$；径向干缩大，为 $3\% \sim 6\%$；弦向干缩为最大，为 $6\% \sim 12\%$。

木材在干燥过程中，各个方向部位收缩很不一致，同时由于树木的生成纹理很复杂，再加上锯割方向有影响，会使木材在干燥的过程中形状发生变化，如图1-3所示。

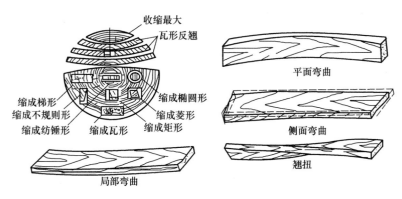

图 1-3　木材的变形

　　木材在不均匀的干燥过程中，或受到外力的震动，常出现裂缝，一般叫开裂，沿射线方向开裂的叫径裂；沿年轮方向开裂的叫轮裂，沿树干纵向开裂叫作劈裂。

4. 木材的力学性质

　　木材的力学性质是指木材抵抗外力作用的能力。木结构在外力作用下，在构件内部单位截面上所产生的内力称为应力。木材抵抗外力达到破坏时的应力称为极限强度，简称强度。外力根据其性质不同，有拉力、压力、弯曲、剪切，相应地木材就有木材的抗拉强度、抗压强度、抗弯强度、抗剪强度。

　　木材是各向异性材料，不同的方向其受力性能相差很大。力的方向与木纹纤维方向一致时，称为顺纹受力，一般强度很高；力的方向与木纹纤维方向垂直时，称为横纹受力，一般强度最低；方向介于顺纹和横纹之间时，称为斜纹受力，其强度介于顺纹和横纹之间。

　　（1）木材的抗拉强度

　　木材的抗拉情况如图 1-4 所示。木材的顺纹抗拉强度最高，木材的横纹抗拉强度最低，一般为顺纹抗拉强度的 1/40～1/10，因此在木结构中不允许木材横向受拉。斜纹抗拉介于两者之间，并且随着力木纹方向间的角度增大而很快降低，因此在材质标准

7

中斜纹受力较严的限制。

图1-4　木材的受拉作用

（2）木材的抗压强度

图1-5为木材的抗压情况，木材的横纹抗压强度较顺纹抗压强度小，木材横纹抗压强度较低，仅为顺纹抗压的 $1/7\sim1/5$，横纹承压后变形较大。斜纹抗压强度介于顺纹与横纹之间，其所产生的变形也介于两者之间，木材的缺陷对顺纹受压影响较小。

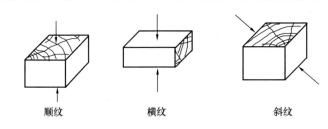

图1-5　木材的受压作用

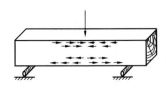

图1-6　木材受弯作用

（3）木材的抗弯强度

木材受弯情况如图1-6所示。木构件受弯时，在截面上部受到顺纹压力，截面下部受到顺纹拉力，越靠近截面边缘所受到的拉力与压力就越大。木材的弯曲强度介于顺纹抗压强度与顺纹抗拉强度之间。木材的缺陷对木材的抗弯强度影响很大，尤其在受拉的边缘更严重。

（4）木材的抗剪强度

外力作用于木材，使其两部分互相滑动而脱离，在滑动面上单位面积所承受的外力，称为木材的抗剪强度。如图1-7所示。

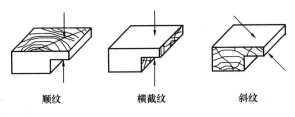

| 顺纹 | 横截纹 | 斜纹 |

图 1-7 木材受剪作用

木纹受剪的形式有顺纹剪切、横纹剪切、横截木纹剪切三种。木材的抗剪强度很低，顺纹抗剪强度很低，约为顺纹抗剪强度一半，横截木纹方向的抗剪强度最高，但一般均不予考虑。木结构中，常遇到的是顺纹受剪。在构件受剪面附近的裂缝，对木材抗剪强度影响最大，特别是与剪面重合的裂缝，往往是导致木材构件破坏的主要原因。

影响木材的力学性能除了木材本身的树种外，含水量的大小、温度的高低，对木材的强度影响也很大。

含水率越大，则强度及弹性模量均降低，对受压、受弯、受剪及承压的影响较大。一般来说，在纤维饱和含水量之内，含水量每增加 1%，木材强度较原来降低 3%～5%。但由于含水量改变时受拉强度的变化较小，故在受拉工作时不考虑含水量对强度的影响。

温度的变化也会影响木材的强度，木材的温度增加，则强度降低。当温度由 25℃ 增加到 50℃ 时，则木材的抗拉强度降低 12%～15%，抗压强度降低 20%～40%，抗剪强度降低 15%～20%，如果原来的木材温度愈大，则温度对其影响亦愈大。

另外，在含水量不变的情况下，木材的单位体积的重量越大，则强度愈高，且成直线关系。

5. 木材的缺陷

树木在生长过程中，不可避免受到各种自然因素的影响而产生缺陷，影响木材的材质，降低或丧失了木材的使用价值，木材的缺陷一般有以下几种：

（1）木节

树干的活枝条或死枝条经树木修枝或锯解后，于木材表面出现的枝条切断或剖开的断面，称为木节。木节主要有活节、死节、漏节几种形式，如图1-8所示。

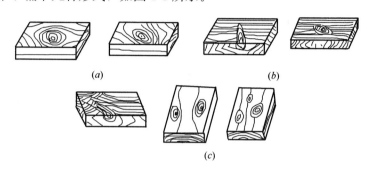

图1-8　木节的断面形状与分布
(a) 活节；(b) 死节；(c) 漏节（洞节）

　　木节与周围木材全部紧密相连，质地坚硬、构造正常，称为活节。死节是由树木的枯枝形成的，它与周围木材部分脱离或全部脱离。死节在板材中往往脱落而形成空洞。漏节是节子本身已经腐朽，连同周围的木材也腐朽，并已深入树干内部，与内部的腐朽相连，漏节又称洞节。

　　木节的存在，影响了木材的均匀性和完整性，给锯割、刨削等加工制作带来了困难，并影响了木制品的强度和外观质量。

（2）腐朽

木材受到真菌侵害，逐渐改变其结构和颜色，使细胞壁受到破坏，变得松软易碎，甚至呈筛孔状或粉末状等形态，这种形状叫作腐朽。腐朽有外部和内部两种现象。外腐在树干外围，大多是枯木或伐倒木受到菌类的侵蚀而形成；内腐是树木生长时，菌类侵入髓心蔓延至心材。如图1-9所示，表达了横切面上木材的腐朽现象。

腐朽初期对材质影响较小。腐朽后期，严重地影响木材的物理、力学性质，使其颜色、外形发生变化，强度、硬度、韧性降低。

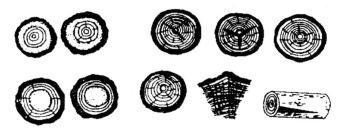

图 1-9　木材的腐朽、裂纹

（3）裂纹

木材纤维与纤维之间的分离所形成的裂隙称为裂纹。有裂纹的木材强度降低，且破坏了木材组织的整体性，影响了木材的出材等级和木材的利用率，增加了加工工艺的难度，对木制品的质量可能造成较大的影响。

（4）构造缺陷

凡是树干上由于不正常的木材组织构成所形成的缺陷，叫作构造缺陷，如图 1-10 所示。

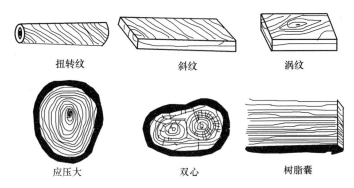

扭转纹　　　　　斜纹　　　　　涡纹

应压大　　　　　双心　　　　　树脂囊

图 1-10　木材的构造缺陷

各种构造缺陷，均会影响木材的相应力学、物理、外观性能。如斜纹、涡纹会降低木材的抗拉、抗弯强度；偏宽年轮木的密度、硬度、顺纹抗压和抗弯强度均比正常木大，但抗拉强度及冲击韧性比正常小，纵向干缩率大，因而翘曲和开裂现象严重；扭转纹木材的抗拉强度降低，刨削加工难度高，表面光洁情况不一致等。

（三）木材的分类

工程中常按木材的用途和加工程度，分原条、原木、锯材和枕木。此处，还有各类人造板材。

1. 原条

原条指树木砍伐后去根、梢、树枝的树干。一般长度不一，保留树皮，直径有小有大。

2. 原木

原条经去皮、截锯成一定的标准长度后，经材质检测分等级的圆木叫作原木。根据木节、内腐、虫害、裂纹、弯曲、扭转纹等缺陷情况，把原木分成一、二、三个等级；按梢径的大小和原木的长度标准，写出原木的规格档次。

原木材根据其用途的不同，分为直接用原木，例如作电杆、桩木；一般用的加工用原木，如用于结构、门窗、家具、地板、屋面板、模板等；特殊用材的加工用原木，如作胶合板、造船材、车辆材。

3. 锯材

把原木或原条，经锯割分解成一定形状的木材，叫作锯材。锯材按其厚度和宽度的关系，分为板材和方材两种。宽大于厚 3 倍以上者，叫作板材；宽不足厚 3 倍者，叫作方材。

板材按其宽度和厚度分为：

薄板：厚度为 18mm 以下；

中板：厚度为 19～35mm；

厚板：厚度为 35～65mm；

特厚板：厚度为 66mm 以上。

方材按宽厚相乘积的大小为：

小方：宽厚相乘积 54cm² 以下；

中方：宽厚相乘积 55～100cm²；

大方：宽厚相乘积 101～225cm²；

特大方：宽厚相乘积在 226cm² 以上。

锯材有特等锯材和变通锯材之分。普通锯材按材质的不同分为一、二、三等三个等级。

4. 人造板材

将木材加工过程中产生的边皮、碎料、刨花、木屑等剩余料，经机械和化学加工，能制作成各种板材，这种板材叫作人造板材。

常用的人造板材有细木工板、胶合板、纤维板等。

胶合板是原木经软化处理后旋切成薄板，再经干燥、涂胶，按木纹纹理纵横交错重叠起来经热压机加压而成。胶合按 3、5、7、9、11 层单数胶合。常用的为 3 层和 5 层。胶合板克服了变形、开裂的缺点，提高了木材的利用率和使用价值。

纤维板是将废木材用机械方法分离成木纤维，或预先经化学处理，再用机械分离成木浆，经过成型、预压、热压而成的板材。纤维板构造均匀，它胀缩性小、不翘曲、不开裂。

细木工板又叫人造碎木板，它是利用边角小料，经过刨光、施胶、拼接贴面而成的人造板材。贴面材料多用胶合板、纤维板、塑料板。

装饰贴面板是经过浸胶的表面纸、装饰纸和底层纸，按一定顺序叠放后热压塑化而成的一种板材。装饰贴面板表面光滑美观，具有很好的装饰效果，并且具有耐磨、耐腐、耐烫、防水性能好的特点。

二、工 前 准 备

（一） 工料机具的准备

【操作步骤】

1. 机械的维护和调试

认真做好各类木工加工机械的保养和维护工作，及时清理刨花木屑等刨削锯割加工时产生的废弃物，以便顺利地进行工件的机械加工作业，适时注入相应的润滑油，以避免干摩擦发热而损坏机械的有关部件。在试运转时若发现有异常现象时，必须找出原因，排故处理正常后，才可使用。机械使用完毕后，必须拉下开关，并应清扫干净、擦去灰尘，以延长机械的使用寿命。

机械的加工刀具移位必须及时调整，用钝的加工刀具应适时调换，立即调试到正常的使用状态，并把换下的刀具尽早修磨锋利，便于以后的再次调换。

2. 校核量具的精度

量具的正确与否，直接影响到产品的形状和几何尺寸精确程度，尤其是要求较高的木制模具、木制模型，在这方面显得更为严格。

长度丈量的尺，例如 20m 钢卷尺，一般与检查单位中的标准长度相比试，可以直接测出其精度误差。若用于测量较大距离的量度，还应考虑其尺长改正。对于新购的 2m 以内的短尺，一是查看尺的合格证书，二是与使用中合乎要求的尺相比试，检查其误差，若相应的刻度与数值全部对齐，则此尺可用。对于使用期较长、刻度数字已磨损呈模糊不清，则应弃之不用。

对于靠尺或靠板，一般用肉眼在相应的光线下"吊看"，以检查其平整性，若不合乎要求，应使用刨左右刨削，直到合乎要求为止。

对于水平尺，则可以紧靠一个面，分别调头测定同一根水平线，若二次情况相同，则合乎要求，否则不可使用。

对于托线板，则可以紧靠一个面，分别前后两侧面调头测定同一根垂直线，若二次情况相同，则合乎要求，否则必须修整到合格为止。

对于曲尺，则可以尺座紧贴一平直棱边，左右调头画出相应尺翼所指的垂直线，若两垂直线重合，则合格可用；若不重合，则应进行修整，直到垂直线重合为止。

3. 手工工具的调试

各种手工工具，尤其是已有相当长一段时间没有使用的工具，在正式使用前，必须调试，检验其可靠性或加工准确性。

对于各种榔头与斧头等有柄的工具，应检查手柄是否安装牢固，以防脱出伤人。若有松动，必须加固，使之联系紧密。

对于各种刨子，先检查刨身情况，若有开裂，则只好弃之不用，若刨底表面不合乎要求，必须修整。对于花式刨，则刨床的形态与相应加工的工件外形相匹配，否则应修整到合乎要求为止。之后检查刨刀的刨刃形状与锋利情况。尤其是花式刨的刃口形状也应与加工件的外形相匹配，否则也应研磨修整，直到合乎要求为止。当刨刀磨好装入刨身后，必须试刨，当感到刨削操作轻松、出屑畅快、刨后的木材表面光洁、外形合乎要求时，才可正式使用。否则应继续对刨子调试。

由于木工手工操作工具很多，其调试与维修也各不相同，在此仅以刨子为例而已。

4. 材料的检测

对木材的检测，一般通过目测的方法来判断木材的外观质量。

木材的树种，可以通过树皮、木质纤维的结构、色质、气味、年轮与髓线、硬度、重量等外观特征，基本上能够确定，一般情况下，检测的经验越丰富，则判别的正确率越高。

木材的配料出料率，可以通过木节、裂缝、翘曲变形、腐蚀、变质等缺陷的程度大小而决定，因此必须严格控制缺陷木材的数量，以保证一定的配料出料率。

木材的数量，可以通过计数和计算而得出，计算木材的数量应该按不同的截面、不同的长度分别计算、分别标出。

木材进入场地，应该按不同的树种、不同的规格分别对方整齐，各堆垛之间留出合理的通道，便于随时任意提取各种不同的木料以供坯配制之用。

【相关知识】

1. 操作现场中的基本工序

木制品操作现场，一般有以下几个工序。

（1）原材料堆放与处理

主要为原材料进入时的验收、堆放与干燥处理等工作。

（2）坯料制备

主要有摘料、画线、锯解及坯料的运输与堆放等工作。

（3）基本型材的制作

通过机械或手工的刨削加工，制得杆件外形相似的基本型材，长度为设计要求的矩形截面的杆件。

（4）成型画线

主要为对杆件、工件的成型画线，或花式配件的图样复制。

（5）精细加工

主要为杆件、工件的深度加工，使之成为设计规定的技术形状要求，例如线脚的刨制、榫接结构的制作、花饰的雕刻等。

（6）装配

把各杆件、工件安装成一个正式木制件产品，之后经产品保护、包装而出工场间，或直接送至下道的油漆等工序的操作。

2. 设备的配备

根据上述的工序，我们可以根据实际情况，配备以下设备。

（1）工作台

工作台主要用于成型画线、精细加工与装饰的工作工序中，一般需要的数量较多。

（2）锯割机械

锯割机械主要用于坯料制备的工序中。锯割机械的加工，按其加工要求，有长料锯割成短料、宽料锯割成窄料两大类型，故两类机械的工作用地不同，前者为左右方向为主，后者为前后方向为主。

（3）刨削机械

刨削机械主要用于杆件基本形加工工序中，常用的有平刨与压刨两大类，在平刨机上先把杆件两个相邻的面刨削平整后，再由压刨刨削成一定规格的基本型材。

（4）磨床

有了锯割机械和刨削机械，应设置磨床，用以锯片、刨刀的磨刃与修复。磨床采用砂轮机，并配备相应的磨刀架等设施。

（5）钻床

钻床主要用于木杆件或金属品钻孔，可以采用手控钻床，并配备各种规格的钻头。

（6）排风吸尘装置

由于木工操作现场木屑很多，容易形成灰尘飞扬，固有排风吸尘设施，则能改善空气质量。

（7）防火装置

木工作业场所，容易发生火灾，故必须在操作现场有防火、灭火的装置和设备，如配备灭火器、安设消防用水和用具。

（8）运输设备

对于木工操作场地都应配备相应的水平运输设备，如胶皮双轮车、电瓶车等，以方便于材料、半成品的运输。

对于工作台、机械、其他设备的配备数量，应视生产规模与各工艺的分工情况而确定。

对于各种手工工具，一般采用操作者谁使、谁保管、谁自备的原则。

3. 操作现场的安排

操作现场的安排，主要指工序的合理组织，工作线路的科学组合，工位的妥善安排，机械等设备的最佳安置等，从而营造良好的工作环境。

操作现场的安排，首先依赖于既有的场所条件，即所能提供场地的大小、位置、室内宽度与高度、门窗位置与大小等诸条件。然后在此条件下，根据产品的特点进行交通线路、工位、设备、产品半成品的堆放，机械设备等最佳布局。

4. 操作环境的检查

对操作环境的检查，能发现问题的隐患，提出相应的改过措施，对提高作业质量、改善操作条件、防止事故的发生，具有重大的作用。

对操作环境的检查，一般有以下内容：

（1）安全生产的情况：即指防火、用电、用机方面，是否有不符合规定的地方和问题。

（2）操作条件：即根据相应的劳动保护要求，检查劳动生产的条件，例如防暑降温、灰尘的多少、噪声的高低、劳动操作距离的大小、机械加工的保护设置等，以确保劳动者应有的劳动保护。

（3）环境的文明程度：操作现场应标准化，达到文明生产的要求。

（二）制图及识图

【操作步骤】

1. 识图

（1）阅读图纸的一般步骤

阅读图纸的一般步骤如下：

1）看标题栏或标题，了解图纸所表现的类别与名称。

例如，某幢建筑物的设计施工图，表现为建筑物的建筑情况。又如某一家具的施工图，表明其结构组成情况。

2）看平面图、立面图、剖面图，了解表达对象的基本几何形状、主要几何尺寸，其间的空间组合情况。

例如，木模型的平面图、剖面图、侧面图表达了该木模型的几何形状和具体的相应几何尺寸。又如：某一家具的方案设计中，其平、立、剖面图表达了家具的外形状态，内部空间的处理、相应的大致尺寸。

3）看详图，了解具体部件、杆件、节点的形状、用料、结构与构造做法。

详图采用的比例比较大，表现的范围比较小，但表达的深度却很仔细，反映了具体的细节处理情况，故专业性特点显著，往往施工、制作加工从中得到具体的反映。例如，家具中的花饰详图，反映了花饰式样的具体要求和做法，门窗节点详图，则表达了相应构件的断面形状与尺寸要求。详图有大样图、节点图、标准图等表达方式，看图时必须注意相应的索引符号。

4）综合比较。在看图时，总是按一张一张图纸、一个一个图形的程序阅读，从大到小、从简单到复杂、从宏观到微观逐步深入了解图纸的内容。同时，阅读图纸的过程中，还应积极思考，进行综合和比较，对图纸的识读水平有一个飞跃的认识变化。归纳综合，是指对认识到图纸内容，形成一个总体印象，把各个分散的局部，能综合在一起，统一为一个有机的整体；比较是各个局部，进行分析，能够正确分辨它们的特点和相同相异性，从而可以更好地把握所涉及的各个杆件、节点结构的作用和制作要点。因此，从某种角度上讲，综合与比较的能力高低，就是体现了识图能力的强弱。因此，我们在阅读图纸时，既要仔细又要认真思索，进行深入的综合和比较，提高阅读图纸的水平。

（2）实例

由于各个专业行业特点不同，故图纸的表现方式有所区别，下面举几个实例。

1）建筑施工图

图 2-1（*a*、*b*）为建筑行业中建筑施工图中的一部分。

从底层平面图、二层平面图、剖面图中，可以了解该幢建筑物的基本概况，即建筑的外形与相应的大小、内部房间的组合与相应的进深、开间与高度、门窗的位置与大小。我们还可以看出各种平面尺寸均有相应的轴线所控制，轴线的位置在墙身的中心。

从屋顶平面图中，我们可以了解到屋面的大致做法。如果要了解具体的详细做法，则有待于进一步阅读相应的详图、大样图、标准图及说明，才能得到详细而全面的印象。

2）室内布置与家具方案

图 2-2 的上部为某二室内一厅家居的平面布置方案图。从中可以了解房间中各种家具平面布置设计意图，估计到各种家具的平面外形尺寸。

图 2-2 的下部为某种家具的设计方案图，从中可以了解家具的外观形状和相应各组合部件。从正立面、侧剖面、平面图中可以了解内部空间分隔组合情况和相应的尺寸。

3）家具施工图

图 2-3 为某种家具的施工图，又称为家具制作装配图，它由立面图、平面图、剖面图、节点详图等图形所组成，作为家具生产的施工图。要了解图中各杆件、配件的具体形状和尺寸，可以通过此图经翻样工作而获得。

4）雕刻施工图

雕刻施工图一般是指雕刻图案的详图，它由图案式样、节点详图、图案说明、雕刻用料、操作要求等相应的内容所组成。

2. 绘图

绘图的工作步骤如下：

（1）要确定通过图纸所要表达的内容，即确定绘图的目的、要求、具体内容。

（2）选择表现的图式

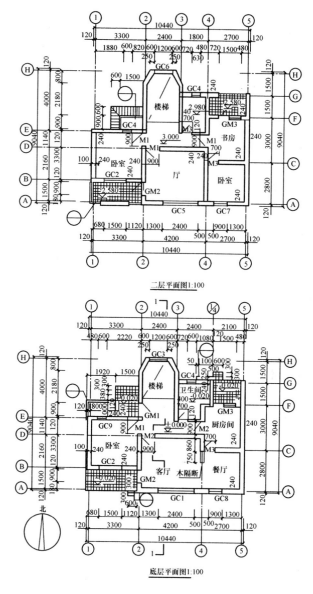

二层平面图1:100

底层平面图1:100

图 2-1 建筑图（a）；

21

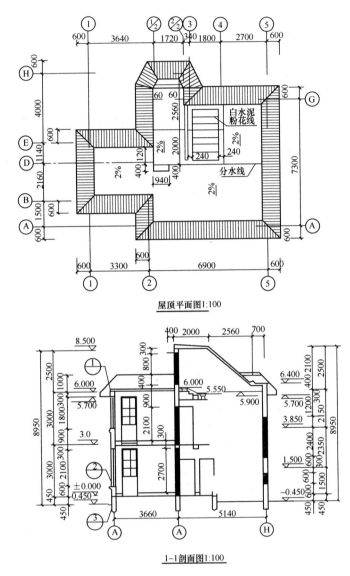

屋顶平面图1:100

白水泥
粉花线

分水线

1—1剖面图1:100

图 2-1　建筑图（b）

22

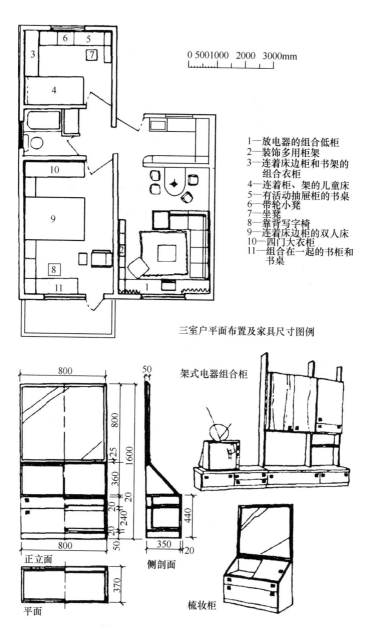

0 500 1000 2000 3000mm

1—放电器的组合低柜
2—装饰多用柜架
3—连着床边柜和书架的
　组合衣柜
4—连着柜、架的儿童床
5—有活动抽屉柜的书桌
6—带轮小凳
7—坐凳
8—靠背写字椅
9—连着床边柜的双人床
10—四门大衣柜
11—组合在一起的书柜和
　书桌

三室户平面布置及家具尺寸图例

架式电器组合柜

梳妆柜

正立面　　　侧剖面　　　平面

图 2-2　室内布置与家具方案图

23

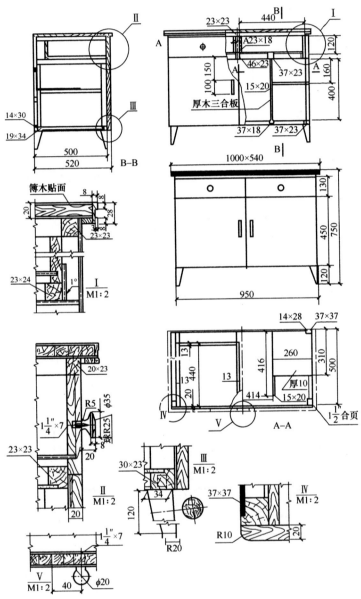

图 2-3　家具施工图

选择合理的表现图式，即用立面、剖面、平面、节点详图中的哪些图式来进行表达。选定了图式，实际上就得出了图形的数量。

（3）图面排版

根据图形数量，可以进行图面排版，即确定各个图形在图面上的具体位置，随之也可以确定图纸的张数。

（4）比例的选择

绘制图纸时，必须采用比例。比例的大小，取决于图形所要表达的内容和所占有图幅范围。所要表达的内容越多，选用的比例越大，则所用图幅的面积越大，否则相反。若每个图形所占有的图幅越大，则整个图纸的幅面就增大。

（5）确定图形描绘的先后顺序

一件设计物，一般总是用好几张图形来表达。在进行具体图形描绘前，应该事先确定各张图形的描绘顺序。通常是先画平面，后画立面，再画剖面，最后画节点大样；先画总体，再画分部，最后画局部。

（6）图稿的绘制

图稿的绘制一般使用细小色淡的铅笔画出，一般不考虑线型而全部用细实线画上。图稿的绘制步骤，先画出定位线（轴线、控制线、中心线、基准线），再画出总体轮廓线，接着画出细部界线，最后画出尺寸标注线、索引、剖切等相应的图形线。

（7）图稿的加深

使用深色的笔，根据制图的标准，采用相应的线型，把图稿中的线条一一描出，之后书写有关的数字与文字，把图稿变成正式图纸。

把绘制成的正式图纸交有关人员复核、审查，并经负责人签名之后才可使用。

3. 放样

放样，从绘图角度来讲，一般就是采用1：1的比例，把有关的图形绘制出来。具体步骤如下：

（1）认真阅读设计图纸，了解有关的设计要求。

（2）结合工序工艺的特点，解决工艺操作中与图样之间的关联问题。

（3）选择合适的放样基板，如纸张、三夹板、平整光洁的混凝土场地等，以满足放样的要求。

（4）以1：1的比例，准确地把所需图纸放出。在放样中，可以不必考虑线型的类别。

（5）经复核无误后，在放样图上求得有关的数据、图形，或直接制得相应的样板、套板。

对于线条形状弯曲变化无规律的图形，可以应用打方格的方

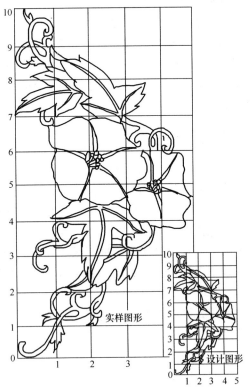

图 2-4 方格放样

法进行放样。图 2-4 就是某种花式的放样。方格网纵向与横向的比例必须相同，这才能确保实样与设计图形的相似性。放样时根据设计图形中点线在方格中的位置，在实样相应方格的位置逐点标出，然后描绘有关的实样。

三、制　作

（一）长杆制作

【操作步骤】

按图 3-1 所示的断面，制 2500mm 的长杆。

从图中可知，光料断面尺寸为 45mm×95mm，四面均有花式线脚，并一面铲凹槽，一面裁口。

按照一般的手工制作，其步骤如下：

1. 断料与配料；
2. 刨削基本形材，使其刨削兜方后的断面略大于 45mm× 95mm，长度大于 2500mm；

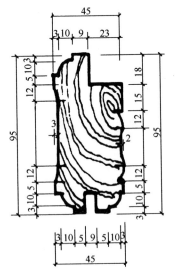

3. 线脚与槽口、裁口画线；
4. 槽口刨削；
5. 宽面（95mm 面）的凹面加工；
6. 裁口刨削；
7. 三个角棱的线脚刨削；
8. 使用砂皮磨光杆件表面。

【相关知识】

1. 线脚

线脚，是指表面呈线状的凹凸形式，主要起装饰作用。在木制品中，线脚按其形成和组合形式分为现制整体木线脚和预制装

图 3-1　长杆断面

配两种。在这里，我们主要介绍线脚的有关设计问题。

（1）线脚的一般表现形式和存在方式

木线脚的纵向表现形式主要有直线状和曲线状两种。

直线状的线脚形式，主要存在于细长的直形秤件上，例如建筑木装饰中的栏杆扶手、门窗贴脸与盖灰条、挂镜线、家具中的八仙桌台口线等。

曲线状的线脚形式，主要存在于弯曲的杆件上，常随杆件曲折变化而弯曲，例如家具中椭圆形镜框、弯腿脚的内凸线等。

除了单纯的直形或曲形外，较多的线脚是弯曲形和直线形两种形式组合在一起，共同存在在同一个杆件中。

木线脚的断面表现形式有凹进与凸出两种。由于凹或凸的外形，在光线的照射下产生明暗不同的阴影情况，可以形成动人的视觉效果。

凹进与凸出的方式有圆弧形和角度形两种。角度形的角度有30°、45°、60°、90°及120°等数种。

凹进线脚或凸出线脚可能单独存在，也可能共同存在于同一个杆件上，人们常把凹进或凸出的数量，作为线脚的名称，如三道线，即有三道凹进线或三道突出线。也有的按线脚的截面尺寸来称呼线脚。

图3-2所示的为几种线脚的断面形状。

（2）线脚的功能

线脚的功能主要是装饰作用，具体表现在以下几个方面：

1）美化作用

线脚的存在，起到美化杆件或整个木制产品的作用，线脚的制作比雕花等工艺操作简便、经济，而且可以在木制品的结构杆件上直接制成。在杆件上设置合理的线脚后，能使木制品的形象由单调变得充实，呆板变为生动，枯燥变为悦耳，因而可以提高木制品的档次和身价。

然而，线脚必须合理设置，否则适得其反，反而会影响木制品的外观形象。同时，线脚的设置不能影响所依托杆件的基本受

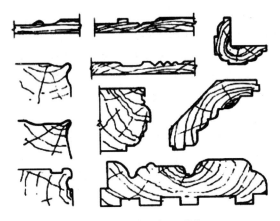

图 3-2　线脚的断面形状

力性能。

2）分隔、界定作用

线脚的存在，能够清楚地区分两个不同的区域，有助于不同区域所显示出不同属性，例如建筑中墙脚与顶棚之间的平顶棚线脚盖条，就能进一步分隔顶棚与墙面两个区域，并使顶棚和它底下的墙面充分地显示水平与垂直的不同属性，形成一种比较强烈的空间感觉。又如木窗扇中，安装玻璃的木杆件上的线脚，充分界定了玻璃的安置地位，进一步明确了玻璃明亮、透光、晶莹的特征。

3）导向作用

线脚存在，起到某种指向、集中、散发等的导向作用，组织人们的视觉注意力。例如，木门窗中门裙板上周边线脚，就有把人们的注意力引向门裙板上雕刻花样的作用。例如，房间中的挂镜线，就有可能把人们的视线引入所挂的画或照片、图片上，具有相应的内含暗示力。

4）保护作用

线脚的存在，能起到某种保护作用，主要体现：一是保护杆件本身，由于杆件自身被刨削成多条的凹凸槽，因而减弱了变形开裂的应力，稳定了杆件的基本几何形状；二是保护了被附设的杆件，避免了直接的机械外侵力，不至于被直接砸着碰坏；三是作为一种装饰构件，与其他部件共同营造了一种良好的使用功能，例如门窗套可使门窗更加密封。

线脚饰件的各种具体作用，往往不是单独存在的，而是几种作用共同存在于各个相应的场合。

（3）线脚的构造设计

尽管线脚的形式很多，但只要把握住线脚的功能，进行线脚的构造设计还是方便的。

1）线脚设计的内容

① 选择线脚的制作组合形式，即选择现制整体式还是预制装配式。

② 设计线脚的纵向形，即选择直线状，还是曲线状，还是曲线与直线混合组合的表现方式。

③ 设计线脚的横向剖面形式，即选择何种的断面形状。

2）线脚构造设计的步骤

① 了解木制品产品的整体功能和要求，作为线脚设计的主要依据。

② 了解线脚所依托杆件的设置位置和作用，对线脚布置所提供的地方、范围等条件进行界定。

③ 深入分析产品的功能要求和线脚布置的条件，综合考虑线脚布置应具备的功能特点和艺术内涵。

④ 具体考虑线脚韵类别，设想线脚的纵向和断面形式，进行方案比较。

⑤ 决定线脚的最终设计方案，按比例画出相应的线脚大样图。

⑥ 经有关人员审核后，交付正式制作。对有批量性的产品，应先做样品，经最终修改审定后才可投入正式生产制作。

（4）线脚的工艺制作设计

线脚的工艺制作设计，是指编制制作线脚的加工顺序安排。

根据线脚构造设计的要求，定出杆件的基本形状，制定线脚制作的各道工序程序和相应的工作内容，规定各道工序的生产技术标准和应用的制作工具、操作要点。

2. 质量检验

对此类木制品的质量项目、检验方法、质量等级评定水平，企业一般根据国家规范与标准、行业规范与标准，根据产品的实际功能要求、杆件在产品中的地位重要程度，制定自己的质量标准，其企业制定的质量标准，一般包括以下几个方面：

（1）选材

首先为用料，即规定相应的树种，如一般软木、一般硬木等；相应的树身部位，如根材、树干、心材、边材等；相应的木纹走势。其次为木材的缺陷控制与含水率要求。

（2）几何尺寸控型。

（3）线脚的花纹要求。

（4）制作中的面观要求。

对于质量等级一般只分为合格与不合格两个层次，不合格的杆件不可进入正式产品的组合中去。

（二）圆　　作

【操作步骤】

圆作制品所用的木材一般都为杉木。杉木质软，有一定的弹性，耐磨性能好，并干燥后不易开裂，故是制作桶器产品的最好树种。

1. 裁料

裁料，又叫断料、裁剪。选择杉木原木上无枝杈的部位，最好靠近根部的那部分，一般按成品尺寸放长 10mm 画线锯解，锯成一段一段圆柱形的短木段。

2. 劈板与锯板

（1）画线

在锯解所得的杉木段上，进行壁板的画线。板的厚度大于成品壁板厚度 10mm 左右，板材的弧度取上口径与下口径的弧度中间值。板材的画线取材排列有顺年轮与反年轮两种，如图 3-3 所示。反年轮取材，桶器外观好看、拼接紧实不易漏水，但板材容易折裂；顺年轮板材本身坚固，其他则不如前者。

（2）劈板

对于短小的板材，且为直板形的板材，可用凿铲或弯刀劈裂而获得所需的板材。劈击之前先定出铲刃与弯刀的弧度，之后把铲或刀放在所画的弧线上用锤敲击，逐块劈制各板材料。

（3）锯板

对于高度大于 300mm，或板形垂直之后成弯曲形，或口边有外挑把等的板材，应采用锯解的方式来获得相应的扳料，其画线的排列方式有所改进，如图 3-4 所示。

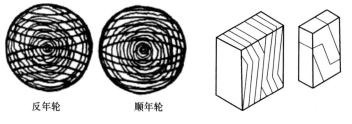

反年轮　　　　　　　顺年轮

图 3-3　画线排板　　　　　　　图 3-4　弯板画线排板

3. 砍板

砍板，又叫修斩，有以下程序。

（1）板料的选择

对劈得或锯解所得的板料，进行选择，凡是有缺陷、影响产品质量的都不要。同时，确定有用板料的块数，使所得有用板料经刨削加工后正好圈围成一个设计所要求的桶器。确定块数的方法可参看图 3-5 所示。

（2）砍边

修砍板料的两侧，如图 3-6 所示。大致估计桶器的锥度尖脚要求，将板料随手砍成上宽下窄的形状。

（3）修内圆

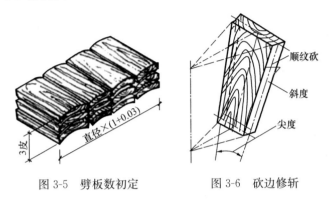

图 3-5　劈板数初定　　　　　图 3-6　砍边修斩

砍削板的内圆面，使之呈弧状曲面，表面无大的凹坑和凸起。

（4）修斩外圆

砍削板的外圆面，根据产品桶板厚度和以后的加工余量，将外圆面多余部分砍去，并削成凸弧形。

（5）上口、下口的平整

板的上口、下口的墙面，应砍斩平整，使板料呈左右对称状。

4. 壁板侧缝刨削

板料经砍削修斩后，用座刨进行刨削。刨削时，应注意侧缝要平直光滑、无凹凸现象，两边斜度对称，符合斜度要求，尖度脚要求准确无误。

检验侧缝斜度的方法采用"按半法"，如图 3-7 所示。

将桶口半径尺寸刻在按尺上，钉上小钉子作为记号，检验时侧板缝朝上，横放在座刨面上，尺尾端搁在座刨面，小铁钉按在侧缝正中，使每块壁板的侧缝与按尺的侧缝相密贴，如若有空隙，则在底刨上刨削修正，直至全部合乎要求为止。

检验小度脚的方法叫"里口外腰法"，如图 3-8 所示。

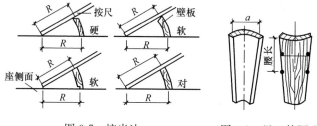

图 3-7 按半法   图 3-8 里口外腰法

"里口"指壁板里身上端的尺寸，"外腰"指壁板外侧"腰部"尺寸。"腰"不是固定于一定的地方，而是根据上，下口径的比例来确定的，例如 1 于 0.85 的桶器，则壁板的"外腰"在顶端至下 85% 处。"里口外腰法"的含意为"里口"尺寸与"外腰"尺寸相符。当检验时发现"外腰"尺寸大于"里口"尺寸，说明壁板的尖度太大，同样用座刨由中向顶端刨削修正。

另外，有种"平板夹尺法"可以同时检验壁板的侧缝斜度和壁板的尖度脚，如图 3-9 所示。

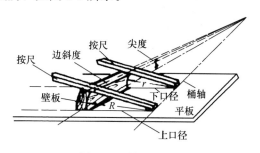

图 3-9 平板夹尺法

在平板上放出半个桶器的剖面图，在一根按尺上量出上、下口径的半径数值位置，半径为桶器轴线至壁板的中心。在刨削壁板的侧缝边时，只要把壁板搁置在剖面图的相应位置，把按尺分别夹置在上、下口径的位置，若上、下两点的侧缝均与按尺密贴，说明壁板的侧缝斜度与上下口径的尖度都合乎要求，否则必须在座刨上刨削调整。

5. 拼板

(1) 画线

必须将每一个块壁板上的钉眼位置线准确地画出。长度不超过 400mm 的壁板，一般只上两道竹钉，超长的壁板，在中间应加设一道竹钉。

竹钉的垂直方向位置，以壁板上端为基准。上部的竹钉位置，从上端向下，在壁板全长的 1/4 或 1/5 处，下部的竹钉位置由以下因素所决定：从下端向上，留出裙边高度（15～20mm），加上桶底板厚度，再加上 20～30mm 的余量，此处即为竹钉的位置。

画线时，可将壁板由小到大集中排列在操作凳上，使用型尺同时逐块画线，如图 3-10 所示。

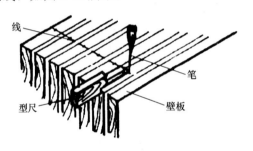

图 3-10　画线

(2) 钻眼

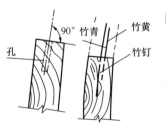

图 3-11　钻眼竹钉

钉眼画出后，就可以用木钻钻眼。钻眼时注意圆口桶钻在侧缝正中，板口桶则钻在侧缝略偏向里身的地方。钻进的孔身应与侧缝斜面相垂直，如图 3-11 所示。

(3) 制竹钉

桶器壁板的拼装，一般采用竹钉。竹钉的钉身成方形，两端削尖。竹钉采用节疤较稀的干竹壁片，削去竹黄，竹青劈成宽度略大于钻孔直径的长方条，再将竹青斩成两头斜尖的竹钉。竹钉长度为壁板厚度的5～6倍，安插竹钉时要注意竹青向外身，不容易被折断。

（4）排板

要使壁板连成桶器后与口径要求相符，要预先比较精确地算出桶器的圆周长，根据圆周的尺寸量出需要多少经过侧缝刨削好的壁板，这叫作排板。

将桶器的直径乘以3.15，即为桶器周长。当桶器上有耳朵板、掇手板和挑头板时，可分为两个半桶来排板，即取圆周长的一半。排板方法有木尺排板法和围篾排板法两种。

木尺排板法：在木尺上量出计算出来的尺寸，然后再将木尺安放于平坦的地上，壁板里身向下，从木尺起点的一头起，将板紧贴排列，直至木尺量出的地方为止。

围篾排板法：用一根竹篾量下计算出来的圆周尺寸，在头上或板里身上端逐一量过，量至所需尺寸为止。

（5）拼装

先取两块板（有耳朵、掇手或挑头的桶器，应先取它们），里身向内，将板逐一拼起，拼合中竹钉与眼之前直线，不要左右上下移动。钉完最后一块板时，把第一块板的下脚处掰开退下，与最后一块板钉合，然后再入原眼中拼成一桶坯。

如拼装中发生竹钉折断，得复核竹钉孔眼位的位置，并重新钻眼再接合。

6. 桶器毛坯的加工

（1）打粗

打粗就是对桶外身初步刨削，其作用是将桶坯外部粗糙不同的面刨去，使其初呈圆模。可采用外圆刨和滚刨刨削加工。刨削时要注意不断转动桶身。

打粗完毕后，选择一条与桶身中段大小的铁箍，套住紧扣桶身，然后进行其他工序的加工。

（2）锯脚

锯脚的质量要求是使桶坯上口径与下口径均平行于水平面。锯脚前应修平上口，使其保持平直，然后用拖线的方法画出下口桶脚的下口线，并沿线锯去多余部分再用刨去锯处的毛刺，使桶脚平整、光滑、整齐。

（3）里身刨削

较短桶器，可从头到底一次刨到，较长桶器从两头向中间刨削。刨削工具一般采用里圆刨或里身刨。刨削分粗刨和细刨二次进行，碰到节子用圆凿加上去除。

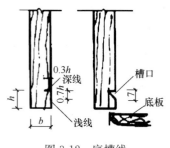

图 3-12 底槽线

桶器下口要嵌装底板，故特别要求刨削得滚圆匀称。否则，嵌底时难以合缝，影响质量。桶器的里身刨削好后，随手将上下口的内边倒棱。

（4）底槽加工

调整划底槽锯上锯片与木柄之间的距离，使用划底槽锯在桶里身脚部划锯出两条槽线，第一条槽线较深，作为底槽的深度控制线，之后划出第二条浅线，作为底槽的宽度控制线。如图 3-12 所示，然后用斜凿铲削出三角形凹槽，并用圆凿修正，底槽应铲得平整，高低一致。

7. 底板的制作

底板为厚 15～20mm 左右的杉木板。当底板直径较大时，常由几块板料拼接而成，各拼接的板条宽度应基本一样大小，如直径过大，中间的一块板条可加厚，以加强底板的强度。

底板木料的髓心应向上安置，底板圆弧画线应是一个椭圆形，即为了适宜木纹异向压缩变形不均匀的特性，在顺纹方向的半径缩小一点，在横纹方向的半径扩大一点，其扩大值为缩小值的 2 倍，如图 3-13 所示。当箍紧后桶器的底部正好成为圆形。其缩小值为直径的 1/100 左右。

底板侧边的倾斜度，应与底柄的斜度相一致。一般先锯割成斜口，再经仔细刨削而成。经过刨削的底板，经量具检验，与底槽的直径相符，便可嵌入桶内。有耳朵、掇手的桶器，底的木纹顶头对准在耳朵、摄手方向的底槽处，用树木板沿底边均匀击压入内。

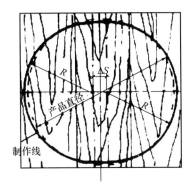

图 3-13　画底板圆

8. 桶器外身加工

外身加工包括外身刨削加设箍的操作。外身刨削一般要加设临时铁箍，退去原来的拼装铁箍，分段粗刨和细刨，使外身光滑、圆顺。

箍有竹箍、铁箍与铜箍等几种，竹箍用竹篾套穿而成，铁箍与铜箍用铁条或铜条经铆接而成。

底脚箍，一般应使用扳钳安装，然后用抽头紧箍，中间箍可用手套上后使用抽头紧箍。对于竹箍，一般应使用木质抽头紧箍。

9. 口面平整

桶器的上面是木材的横断面，即横纹刨削比较吃力。最好在未刨削前，在口面木质上用水润湿过，使木质纤维膨胀软化，便于刨削加工，一般使用滚刨刨削加工，口面上的棱角，均应刨削为圆角。有毛糙地方而无法刨削时，应使用铲凿铲削加工，使其光洁无毛刺。

综合上述，一般桶器的制作过程，有以下几个步骤：

生产一只桶器，先按规格略为放长一些，锯配好壁板料；有耳朵、掇手的，也应同时配好。在壁板、耳朵、摄手的侧缝、尖度脚刨削好后，用竹钉接合，用箍箍成毛坯，平整好上、下口，将里身刨光，铲出底槽，然后嵌入桶底，再刨削外身，敲铁箍，平整上口，若要设置盖与提攀，则配盖和安装铁攀。

【相关知识】

圆作，又叫圆木作，即使用木材制作圆桶类的木制品。圆作木上在技术操作，手工工具以及产品方面，和一般的方作有不同之处，它是木工行中的一个专业岗位，或专业行业。在这里，仅介绍圆作生产上的一些最基本的知识。

1. 圆作工具

圆作木工所使用的工具，除了一般方作木工所用的常用工具外，还有以下几种。

（1）划底槽锯

如图 3-14 所示。划底槽锯又叫裙底锯，俗称划足刀，形式因地区不同而有所区别。

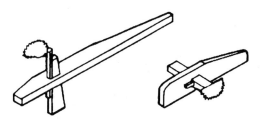

图 3-14　划底槽锯

（2）斧

圆作中使用的斧，除了劈削外，都用于斩削，所以斧的前角略长于一般的木工斧。

（3）刨

圆作木工所使用的刨，种类很多，有平刨、座刨、滚刨、里身刨、落底刨、斜边刨、抄刨等，常用的有特点的刨有座刨、里身刨、滚刨等几种。

1）座刨，如图 3-15 所示。

座刨的特点是固定于工作凳上，工件在刨底板上移动中，刨刀的刀刃刨削木材。座刨用以刨削桶器的墙板侧缝角度、底盖侧边及桶器的上下口。

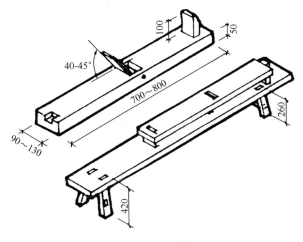

图 3-15　座刨

2）里身刨，如图 3-16 所示。

里身刨又叫作内圆刨，是用来刨削桶器里身（内圆）使之光洁圆整的工具。

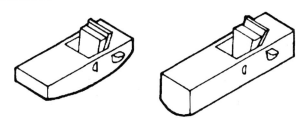

图 3-16　里身刨

由于桶器里身弯直不同，里身刨也随之不同，通常分为直板里身刨和弯板里身刨两类。由于桶器的内径不同、应该备有不同弧度的数种刨，用于不同内径的桶器刨削。

3）滚刨，如图 3-17 所示。

滚刨，又名刮刨、一字刨，主要用于桶器的外圆刨削。

（4）凿

圆作木工用凿分为打眼凿和铲凿两类，其中以铲凿居多。打眼凿主要为圆凿，铲凿有阔凿、针凿、圆头凿等。

1）铲凿，如图 3-18 所示。

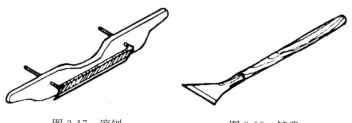

图 3-17　滚刨

图 3-18　铲凿

铲凿主要用于铲削桶器和上口滚刨不能刨及的部位，长180mm，下端为三角形，刀刃口宽 100mm，柄长 300mm 左右。

2）圆头凿，如图 3-19 所示。

圆头凿除刀刃口为弧形之外，其他与一般凿子相同，刀刃口的宽度为 20～25mm。主要在刨削桶器里、外身时，用来凿平桶壁上的硬木节，使刨削顺利进行。

（5）劈板刀

1）弯刀，如图 3-20（a）所示。

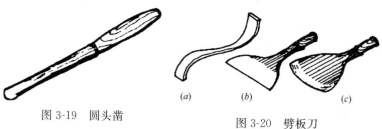

图 3-19　圆头凿

图 3-20　劈板刀

(a) 弯刀；(b) 板铲；(c) 榄凿

弯刀是将圆木劈成板料的工具，长 350mm，通常用30mm 宽、2.5～3mm 厚的铁板制成，其弯曲弧度可用榔头敲击调整。

2）板铲，如图 3-20（b）所示。

榄凿由凿头和凿柄组成。凿头用熟铁打制而成，可以按弧度需要调节，用于劈制弧形材板。

3）榄凿，如图 3-20（c）所示。

板铲的结构和使用方法同榄凿，仅铲口平直，用于劈制直板坯料。

（6）抽头，如图 3-21 所示。

抽头是一种依榔头的敲击来抽紧铁箍的工具，长 100mm，宽 30mm。

（7）扳钳，如图 3-22 所示。

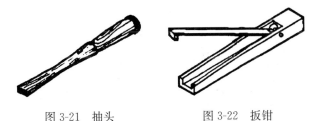

图 3-21　抽头　　　　　　图 3-22　扳钳

作桶器下口铁箍板合之用。

2. 桶器的结构和各部分的名称

（1）壁板：桶器是由若干块数的木板围拢而成的，这部分叫作壁板。

（2）侧缝：壁板的两边叫作侧缝，侧缝有一定的斜度，就每块板来说，都是里身窄、外身宽、口径大的桶器，侧缝斜度小；口径小的桶器，侧缝斜度大。

（3）尖度脚：由于桶器大都是上、下口径不一样，因此每块壁板必须相应地制成一头宽、一头窄。这种上宽下窄的差异现象叫尖度脚。

（4）桶身：经校正了尖度脚和侧缝斜度的壁板，用竹钉连接围拢起来，成为桶身，也称桶壁。未经最后加工的桶身称为桶坯。桶身的内部称为里身，桶身的外部称为外身。里、外身应分别用不同的工具来加工刨削。

（5）桶耳和把手：桶身两侧对称的地方有两只"耳朵"，用于穿索挑抬，称为桶耳；有的桶器设高出桶身的把手。

（6）桶口和桶脚：桶器上口称桶口，桶底板之下称为桶脚，桶口尺寸叫口径，桶脚尺寸叫脚径。

（7）底槽：桶口里身下端有一道槽，叫作底槽，用于镶嵌底板。

（8）腰箍和脚箍：装在桶身腰部的箍叫作腰箍，一般装在桶身由下至上 3/5～2/3 的地方；装在桶脚部分的叫作脚箍，脚箍一定要装在桶底板之下。图 3-23 为桶器构造。

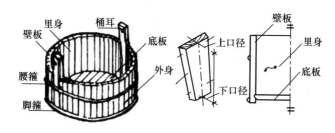

图 3-23　桶器构造

图 3-24 为几种圆作木器制品。

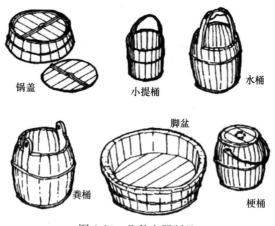

图 3-24　几种木器制品

（三）榫 接 连 接

【操作步骤】

1. 榫接设计的要求

在进行榫接结构的设计中，应达到以下要求和目的。

（1）坚固

所设计的榫接结构本身结合牢固，并能承受一定的相应外力荷载。尤其是木纹的走势、木材的各向导性，在很大程度上会影响榫接结构的坚固性。同时，合理地决定榫眼榫舌的位置和几何尺寸，是确保榫接结构牢度的固有条件。另外，选择合适的树种木材，也是确保榫接结构牢固度的一个客观条件。

（2）美观

对于装饰性强的木制品，或直接处于人们的视线感觉区域中的杆件榫接，美观的要求显得比较突出。美好的榫接外观形象，离不开巧妙的木纹衔接与接合缝的精细处理。

（3）简便

榫接结构简便，一般容易制作。榫接结构的简便是指对整个木制品中的所有榫节点进行统一化、规范化、标准化的外形尺寸处理。

坚固、美观、简便，在榫接结构设计中，这三者之间是辩证关系，并随木制品、木构件的功能、地位不同而有些区别和侧重。

2. 榫接结构设计的步骤

（1）认真阅读木制品的设计图纸。通过阅读木制品总体设计图纸，了解木制品的功能要求，弄清各构件、杆件的结构关系，知道各连接节点的从属关系。

（2）组织木制品的结构体系，并确立各机构部件之间的关系。例如办公桌，则有台面、抽屉、左右侧脚架、前后部构架等几部。由左右侧腿架和前后部构架，组合为办公桌的桌体，桌面再覆加上去，抽屉最终嵌塞进去。

（3）根据各部件本身的结构组成和人们的观赏要求，按照各相应杆件的设计断面，决定相应的榫接结构形式。例如，办公桌的抽屉，采用马牙榫与企口槽两种结合方式。

（4）根据杆件与杆件、部件与部件拼装的顺序与一般规则，决定榫眼与榫舌设置位置。图 3-25 中，由于不同的榫接位置布置，形成了不同的拼装顺序。

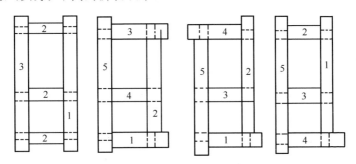

图 3-25　拼装对榫眼、舌设置位置的要求

（5）综合各种因素，决定各种榫接结构的类型、尺寸、并画出各杆件大样图，或列表一一说明。

（6）根据大样图，做出木制品的样品，经审核、修改定型后进行批量制作。当然少量的木制品，上述的最后两步可简化，或省略不做。

【相关知识】

1. 榫接的基本概念

木杆件相互之间依靠承插关系连接起来，并承受一定的外力荷载。这种承插关系叫作榫接。承受部分叫作榫母或榫眼，插入部分叫榫头或榫舌等。

根据承插的形式不同，分为插入式榫接与搭扣式榫接两大类。插入式榫接是指榫舌穿塞于榫眼中，因而结合比较牢固，可承受多个方向的外力荷载。搭扣式榫接是指榫头填卧于榫眼中，结合能力的方向性比较明显，随外力荷载的方向受到较大的限制。

插入式榫接中，根据榫舌是否穿透榫母杆件，是否呈外露的情况分为明榫和暗榫两类，暗榫外观比较漂亮，常用于家具类木制品中，但榫的结合力较小，承受外力荷载的能力较差；明榫结合力较大，承受外力荷载的能力强，但外观不如暗榫好看，在建筑的木构件中应用得比较多。

2. 榫接的结构类型

榫接结构的类型很多，现可以归纳为以下几种类型进行讨论。

（1）插入式榫接

插入式榫接主要用于枋类杆件的连接，其榫接的类型也很多。

1）边榫，如图 3-26 所示。

边榫指榫舌设置在榫头杆件的一边。在榫头杆件的厚度不足，杆件受力不大，或因装配需要等情况下采用边榫。

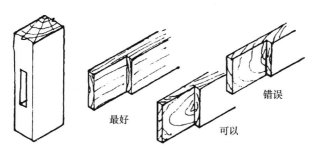

图 3-26　边榫与榫舌木纹处理

边榫舌的厚度约为榫母杆件厚度的 1/3。

边榫应尽量避免用斜向木纹的木材作榫舌，如果实在无法避开斜向木纹，则应使斜纹的走势由榫舌顶端走向榫肩，否则受力后容易折断。

边榫又叫边肩榫，即其榫肩偏于一边，受力强度小于中榫。

2）中榫，如图 3-27 所示。

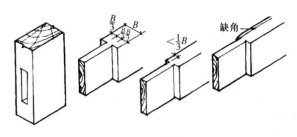

图 3-27　中榫

中榫，其榫舌在榫头杆件端部的中间，两边都有榫肩，因而叫双肩榫。中榫结构比较稳定、坚固。

中榫榫舌的位置一般为榫头杆件的正中，厚度为杆件 1/3。然而，由于杆件的厚度限制或嵌板的要求，两肩的厚度不一定与榫舌的厚度相同；并且两肩之间厚度也不一定相同，往往里肩小于外肩。

中榫、边榫，又称为单榫。

3）双榫，如图 3-28 所示。

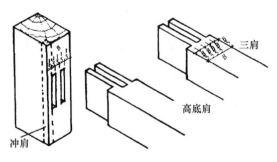

图 3-28　双榫

双榫，指榫头杆件的一端并排存在两个榫舌。

双榫比单榫（边榫、中榫）强度高得多，又不易扭动、断裂，适用于受力大的杆件。

双榫中两榫舌之前的距离，不能小于榫舌的厚度，两侧边的榫肩的厚度，可以不受限制。

4）减榫

减榫是指将榫舌锯掉一部分，破除标准榫舌的原有大小和形状，这种方法又叫"破榫"。

从原有的榫肩处去除榫舌的一部分，这种做法叫作肩减榫，如图 3-29 所示。

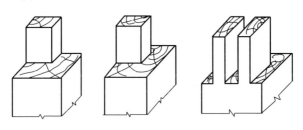

图 3-29　肩减榫

从一个榫舌上，在原有的榫肩上部去除榫舌的一部分，这种做法叫作半减榫，如图 3-30 所示。

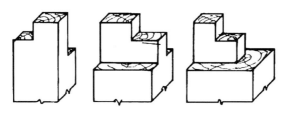

图 3-30　半减榫

从一个榫舌的中间，去除榫舌的一部分，这种做法叫作分榫，如图 3-31 所示。

5）斜角榫

杆件组合（一般垂直相接）时，外观拼接呈斜向布局，这种榫接结构叫作斜角榫。

家具的台面、镜框、门窗及各种具有装饰性要求的木制品，外露杆件的连接处多采用斜角榫。斜角榫的各类很多，结构比较复杂，缺件难度较大，现简单分述于下：

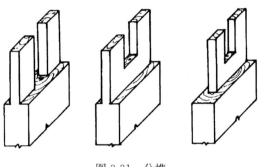

图 3-31　分榫

① 单面斜角榫，如图 3-32 所示。

单面斜角榫适用于只需单面具有装饰观赏要求的杆件组合的场合。

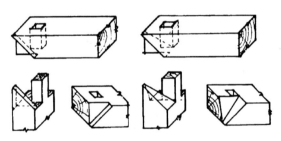

图 3-32　单面斜角榫

单面斜角榫的做法常有平肩和夹斜肩两种做法，前者费工费时，后者省料省时，但榫眼的强度有所减弱，结合力不如前者。

② 双面斜角榫，如图 3-33 所示。

双面斜角榫是指杆件榫接处正、反两面均作斜角处理。

双面斜角榫有明榫和暗榫两种方式。

③ 三面斜角榫，如图 3-34 所示。

三根杆件两两直角相交于一点，组成了两个棱侧面和一个上表面，此三个面都做成装饰性的斜向交接线，这种榫接结构形式叫作三面斜角榫。

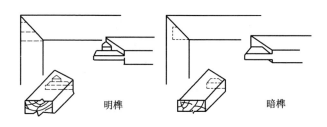

明榫　　　　　暗榫

图 3-33　双面斜角榫

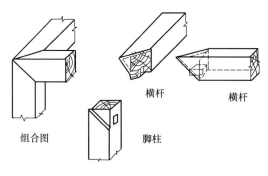

横杆　　　　　横杆

组合图　　　脚柱

图 3-34　三面斜角榫

　　三面斜角榫接一般用于台面部件的角部等处,其制作难度较大。

　　6)重肩榫,如图 3-35 所示。

　　一个杆件的端部与另一杆件的中间部位相接,其外表面作双向斜交接处理,这种榫接结构叫作重肩榫。仅一面作斜交接合处理的叫作单面重肩榫;正反两面均作斜交接合处理的,叫作二面重肩榫。

　　7)半角榫,如图 3-36 所示。

　　半角榫又叫作角榫。半角榫的特点是榫眼旁的一边被切割一长角,让榫舌旁的相应一边加长一长角,以便嵌入。其目的是使杆件边侧的线条、线脚、裁口、圆边接合得和谐、美观。

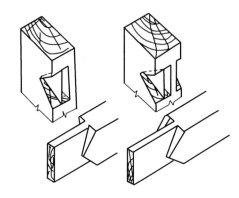

图 3-35 重肩榫

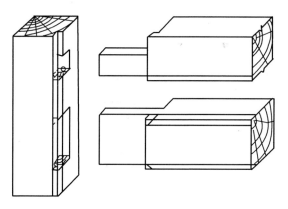

图 3-36 半角榫

8）燕尾榫，如图 3-37 所示。

燕尾榫又叫扣子榫、挂榫。燕尾榫的榫舌形状像燕尾，上大下小，两侧呈斜形，倾斜 10°左右即可。

燕尾榫的制作中，一般先制榫头杆件的榫舌，然后把榫舌搁置在榫母杆件的相应位置上，依形画出榫眼的形线，之后留线凿制榫眼。这种方法制得的榫接结合紧密，并且简便。

马牙榫的榫接结构是燕尾榫结构形式的进一步深入，其结构原理基本同燕尾榫。

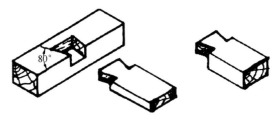

图 3-37　燕尾榫

9）勾头榫，如图 3-38 所示。

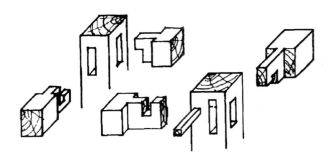

图 3-38　勾头榫

勾头榫的结构形较多，图示为三个杆件两两垂直相接于一点。单向勾头榫适用于其中一根杆件承受轴向拉力外载，双向勾头榫适用于二根杆件均随轴向拉力外载。

由于榫舌容易被拉裂，所以榫头杆件宜选用木纹杂乱或硬质木材制成。

10）顶角榫，如图 3-39 所示。

顶角榫又叫作丁字榫，常用于台面与脚柱的连接上，有明、暗两种。

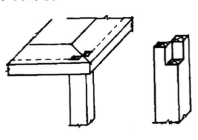

图 3-39　顶角榫

顶角榫的结合处一般不宜过紧，否则容易崩裂榫眼杆件。

（2）搭扣式榫接

搭扣式榫接的方式很多，现根据杆件搭接结合的部位分类作些介绍。

1）端部结合

① 直角直边企口结合，如图 3-40（*a*）所示。

② 直角斜边结合，如图 3-40（*b*）所示。

③ 夹子斜边结合，如图 3-40（*c*）所示。

④ 梳子斜边结合，如图 3-40（*d*）所示。

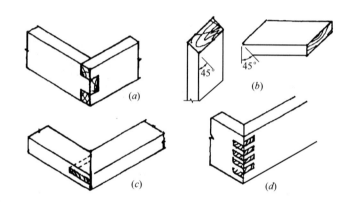

图 3-40　端部结合

（*a*）直角直边企口结合；（*b*）直角斜边结合；
（*c*）夹子斜边结合；（*d*）梳斜边结合

2）中间结合

中间结合是指两个或三个杆件的中间部位相互搭扣交接于同一点，如图 3-41 所示，有正向交、斜向交、三杆交、二杆异面交等数种。

（3）接长榫接

在木制品制作中，有时会遇到将短料接长的问题。接长的榫接结构如图 3-42 中几种，为常用的几种形式。

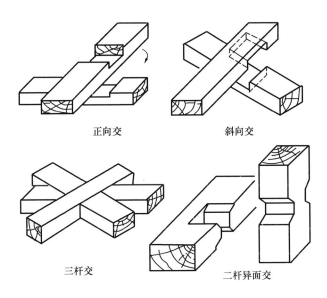

正向交　　　　　　　　斜向交

三杆交　　　　　　二杆异面交

图 3-41　中间结合

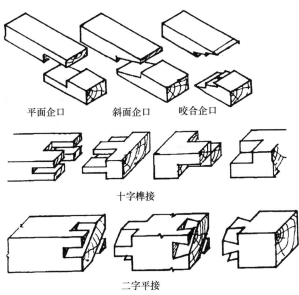

平面企口　　斜面企口　　咬合企口

十字榫接

二字平接

图 3-42　接长榫接结构

（4）圆木榫接

圆木与圆木榫接结合，主要是榫肩处的相交线为曲线形状。

枋木是依两个相邻的基准面形成棱线作为控制定位线，圆木是两个端面上相互平行的十字相交线连线作为定位控制线的，如图 3-43 所示的 AA′、BB′、CC′、DD′。

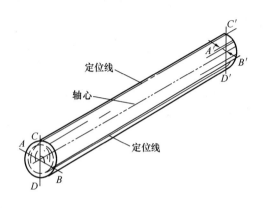

图 3-43　圆木定位控制线

圆木的榫接结构中，根据定位控制线先定榫眼，再定榫舌，再后定出榫头杆件上的榫肩圆弧曲线。

对于相同直径的圆杆件组成的榫接结构中，一般呈垂直状态的圆杆件作榫母杆件，水平状态的圆杆件作榫头杆件。对于不同直径的圆杆件组成的榫接结构中，一般大直径的圆杆件作榫母杆件，小直径的圆杆件作榫头杆件。

凡相同直径的圆杆件相交，榫头圆杆件的榫肩起点必定在榫母圆杆件的半圆面上；不同直径的圆杆件相交，小圆杆件的榫肩起点在大圆弧线与小直径平行线的交点上，如图 3-44 所示，1、2 点为榫肩的最长点（又称最高点）；3、4 为最低点，即榫舌的根部。

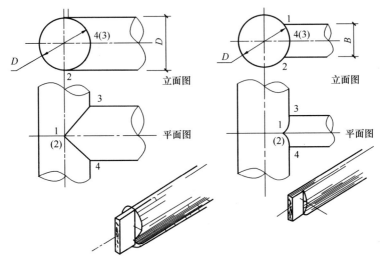

图 3-44　榫肩曲线

（四）豪华门扇制作

【操作步骤】

　　豪华门扇，其豪华之含义，一般指以下几个方面：使用比较名贵的木材，例如桦木、楠木等高档树种；门形式比较美观，结构比较结实，榫接结构比较讲究观赏功能；使用的五金设备比较高级，如使用铜质铰链、电子门锁；做工比较考究与精细。从而总体效果给人一种豪华的感觉。当然，对具体的某扇门，上述的各个方面不一定面面俱到。

　　图 3-45 为一种豪华门的立面图，其形式比较典雅。制作这种图示的门扇，工艺步骤如下：

　　1. 阅读图纸，进行榫接结构设计；

　　2. 列表摘出各杆件的配料尺寸；

　　3. 选材与配料；

　　4. 刨削各杆件的基本形材；

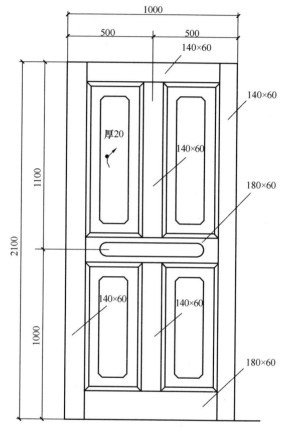

图 3-45　豪华门扇门面图

5. 画线；

6. 凿制榫眼；

7. 刨制线脚；

8. 锯割榫舌；

9. 制作门裙板；

10. 拼装。

在整个制作过程中，要求各道工序操作精细。

【相关知识】

门扇的构造：门扇的正反两面应有相同的面观形象。

门梃、门冒头的侧边棱应做比较细致的凹凸线脚。

门裙板、门芯板嵌入相应的门梃、门冒头中，门裙芯板的中间部分一般起线突出，可以在上面制作相应的花饰装饰。

门扇下冒头与门梃结合一般采用双榫。下冒头上做双榫，榫根要迭合，门梃上开双眼，并留出榫根凹槽，加胶楔结实。

上冒头与门梃的结合一般采用单榫。在上冒头两端做单榫，榫根要迭合，嵌入梃上的槽口中，榫肩做成带斜度的插肩。

中冒头与门梃的结合一般视冒头的宽度而定。梃与中冒头的截面尺寸相同，则为单榫结合；中冒头截面宽度大于门梃截面宽度，则采用双榫结合。在中冒头上下两侧起槽，以便安装门裙板、门芯板，两端均做插肩，榫根做迭合。

（五）木　　　雕

第一单元　木雕的基本知识

1. 木雕的各类

木雕根据制作工艺的不同，有浮雕、浅雕、镂空雕、贴花雕、立体圆雕等。

木雕根据使用的木材质地不同，分为硬质木雕和软质木雕两大类。习惯上称硬质木雕为红木雕刻，软质木雕为白木雕刻。

木雕根据应用和装饰的范围不同，有建筑雕刻、家具雕刻、陈设雕刻三大类。

木雕根据制作地区不同，风格差异有浙江东阳、北京等的地区特色。

2. 木雕的用料

木雕的用料是木材。那么，用什么样树种的木材，才是较好的用料？主要由以下几个因素所决定：

（1）木雕饰件自身的作用、功能，即木雕制品所赋予的使用价值性质，往往决定了所用木材的树种。同时，树种的选用，又往往影响了木雕产品的身价。例如，高档的雕花靠背椅，一般用红木做构件，则雕花饰件都应采用红木。同时，红木做成的靠背椅，比用水曲柳做成的靠背椅，其档次就高得多了。

需要说明的是，平常人所说的红木只是指质色深（暗红）、性硬、纤维组织紧密、质重，不易开裂变形的那类优质树种，如花梨、紫檀等树种。

（2）木雕饰件所处的环境，即木雕饰件处于什么样的环境，就应该选用适应于这种环境的树种。例如潮湿多变的环境就应选用耐磨耐潮的树种，用杉木总比用松木好，有虫害的环境中用香樟较好。

（3）木雕制作的工艺要求，即木雕的制作工艺，浅雕与圆雕，对所用的材料要求不尽相同，加工细致的与粗放的也对木料的料质有不同的要求。所以，木雕所用的木料，应与木雕饰件的使用功能相一致，能适应所在环境，并方便于雕刻加工的树种。当然，木雕用料的基本要求是，尽量选择木质纤维构造均匀、质色一致、不易变形与开裂、无疵病的干燥木材。

由于雕刻用的木材一般都是名贵的树种，所以对有缺陷的雕刻用木材，要采取合理的避开木节、修补裂缝、消除变形等处理措施，努力提高原规格材料的利用率，这具有较大的经济意义。

3. 木雕工具

木雕制作中，除了一般的木工常用的工具外，还有许多木雕专用工具，主要是有以下几种：

（1）锯弓

锯弓又叫钢丝锯，在镂空雕刻中起着相当大的作用，故在此作较详细的介绍。

1）锯弓的制作

锯弓用毛竹片制作，其下端钉一铁钉，上端钻一孔。将一根

两端制成环、中间凿有锯齿的
铜线，下端套在铁钉上，上端
穿过竹片上的孔用竹梢固定，
利用竹片的强力将铜线绷紧，
如图3-46所示。

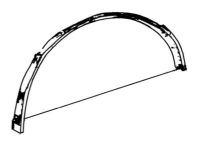

选择制弓的毛竹片要质地
坚韧，富有弹性，竹片的皮呈
嫩黄色，竹节要匀称，选取老

图 3-46　钢丝锯

毛竹根部以上的中下段较为适宜。竹片的宽度在 45mm 左右，
厚度在 12mm 左右。

弓的长短要根据所加镂空加工的工作大小所决定，厚度在
15mm 以内、长度在 100mm 以内的工件，弓的长度宜为
1500mm 左右，这样的锯弓在加工小块形的工件时，显得小巧灵
活；如工件厚 20mm 以上，长度超过 100mm，则应选择长度为
1800mm 的锯弓为宜。前者称为小弓，后者称为大弓。

弓的弧度要略呈半圆形，一般为 160°～180°。在制作弯曲
时，不能将毛竹片一次性绷成半圆形，应逐步多次用绳拉紧弯
成，历时可达一个月左右。

2）锯条的制作

锯弓的锯条采用弹簧铜线制成，铜线的直径根据镂空加工工
件的厚薄、大小而决定，小弓一般选取 0.6～0.9mm。

用于凿制锯弓锯条锯齿的钢凿，一般选用硬质高碳钢经锻打
而成，也可用钢锉改制做成。钢凿一般长 140～160mm，宽 15～
20mm，钢凿的刀刃不宜过薄，太薄了的刀刃对付不了钢丝的硬
度，会裂口；也不宜过厚，太厚的刀刃凿出的齿为秃状，齿痕不
深、镂割时不锋利。钢凿刀刃的角度一般为 18°～20°，同时这角
度与钢凿钢材的硬度有关，以凿齿时刀刃不卷口为宜。钢凿刀刃
的修磨应先在砂轮或油石上磨出外口（也称飞口），然后在质地
细腻的刀砖细磨修口，并稍微磨去锋利刀刃口线，以便凿成的齿
根呈弧形，能防止钢丝因锯割受力集中而过早断裂。

垫丝板是凿制钢丝锯齿的专用工具。垫丝板用质地坚硬的长方形木材制成，选用红木、黄杨木制成最为适宜。垫丝板的宽度为 50mm，厚度为 60mm，长度为 500～600mm，垫丝板使用久后，会出现凹痕，应经常刨削修平整。凿制锯齿时锯弓在垫丝板上的放置位置如图 3-47 所示。

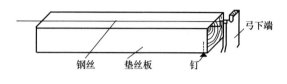

钢丝　　垫丝板　　钉

弓下端

图 3-47　垫丝板

无论哪一种锯条，都由正齿与料齿两种锯齿组成。正齿主要是切断锯路正方向的木材纤维，料齿辅助正齿切割木纤维，扩大锯路宽度，不使木材夹锯的现象出现。一般的木工锯是采用拔齿的方式来形成料齿的，对于锯弓来说，在钢丝断面的不同角度的位置，分别凿出成行的锯齿，如图 3-48 所示，形成四面齿或五面齿等几种锯路形式。锯齿的面多，则表示锯路宽，相反则锯路窄。

锯路的宽窄及齿距的稀密排列，要根据工件的厚薄、质地坚硬与松软而决定。坚硬的厚板，锯路要宽，齿距可稍稀一点；松软的薄板，锯路要窄，齿距可密。仅就锯路而言，具体地说，就是锯薄板用四面齿，锯厚板用五面齿。然而，不论是四面齿或五面齿，都是以正齿为主。正齿是指锯路正前方向一路齿，它的齿距较密，齿的数量约占整个锯条锯齿的 65%，其他边齿为辅，起开路的作用。

四面齿锯条的制作方法，是将紧绷铜线的竹弓下端顶住垫丝板顶端的钉子，用大腿夹住竹弓，使竹弓平面与垫丝板同轴转动，按顺序分别一路一路逐一开凿。四路的确定是在竹弓平面与垫丝板上表面平面复合至转为弓平面垂直状态（90°），平均分为四等分（30°）为四路齿，如图 3-48 所示。齿距的排列要求是：

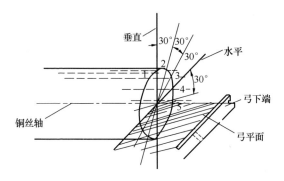

图 3-48　钢丝的锯路角度

第一路，竹弓平面与垫丝板呈 0°（重合），锯齿居弓平面上部正方向，齿距 30mm；第二路，竹弓平面与垫丝板平面呈 30°，锯齿在弓平面侧前，齿距为 10mm；第三路，弓平面与垫丝板呈60°，锯齿在弓平面前侧，齿距为 5mm；第四路，弓平面与垫丝板呈 90°，即竹片垂直向下，锯齿在弓平面的同一平面的正前方，齿距为 1.5mm，一、二、三路称为料齿，又称为边齿，第四路为正齿。

　　凿制第一路齿时要从弓顶到弓底下凿，以便看清齿距，凿其余三路时，均由下到上的顺序，操作时要注意光线的入射角度，以便看清齿痕，不至于重复凿制在铜线的同一截面处而使钢丝断裂。

　　四面齿的锯路条纹平整、光滑，比较适合于锯镂薄木板。锯镂硬厚板的锯条，可以在正齿的里侧，即 120°的位置上再凿一路锯齿，以加宽锯路，使之适应锯割硬、厚的板材。具体要求是，第一路 0°角，齿距 18mm；第二路 30°角，齿距 9mm；第三路 60°角，齿距 4.5mm，但每凿一个齿后隔一挡，不凿，留下等第五路凿；第四路 90°角，齿距 1.5mm。第五路 120°角度，齿距4.5mm，即在第五路位置上补第三路留下的齿挡。事实上第三路与第五路合用一个齿距 4.5mm，实际齿距均为 9mm。

　　凿制锯齿时，弓平面按一定的角度来支撑着，钢丝平贴在垫丝板上，左手紧握钢凿，将钢凿的大面朝下、小面朝上，刃口对准钢丝下凿。握钢凿左手的无名指要紧贴垫丝板，以防木槌敲击钢凿摇晃而影响锯齿的质量，钢凿要始终保持平稳，防止发生偏差。右手用木槌敲击钢凿。木槌敲击钢凿上的力要均匀，不能重一下轻一下；每一齿口上的敲击次数一致，否则，齿口深浅不一，影响锯条的质量。

图 3-49　平口凿

（2）平口凿

平口凿，如图 3-49 所示，刃口宽度从 8mm 起到 20mm 止，刃口平齐，厚约 3mm，刃口为边钢，与背面成 30°角，凿身长 120 ～ 150mm。凿柄直径约 25mm。

平口凿主要用于铲销较大的平面，及较多余量的凿削和直线凿削。

（3）圆凿

圆凿，如图 3-50 所示，刃口部分为外圆弧形，刃口的弦宽有 6mm、8mm、10mm、12mm、18mm、20mm、26mm 直至 35mm。刃口为扁钢，凿身上端为圆弧（小圆凿除外），对入木柄，柄长约 130～150mm。圆凿用于凿削各种大小不同的外圆面、内圆面。圆凿应配有相应弧度的青磨石。

（4）斜角凿

斜角凿，如图 3-51 所示，刃口宽度有 10mm、12mm、16mm、20mm、28mm 等几种，都为中钢（双刃），刃口成 45°

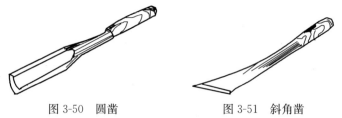

图 3-50　圆凿　　　　　　　图 3-51　斜角凿

斜角。木柄长 130～160mm。斜角凿
多用于剔削各种槽沟、斜面、边沿
直线刻削等。

图 3-52　犁头凿

（5）犁头凿

犁头凿，如图 3-52 所示，刃口
为双尖齿形，用直径 5mm 的钢杵磨
成，上端对入 150mm 长的木柄。犁
头凿主要用于雕刻槽沟、叶脉和板面浅刻花纹。

（6）叉凿

叉凿，如图 3-53 所示，刃口成叉形，有小的弧度，用 6～
8mm 的钢条锤扁、研磨而成。刃口宽约 10mm，凿身上窄下宽，
全长约 220mm。叉凿主要用于雕刻外圆面或线条的倒角。

（7）麻錾

麻錾，如图 3-54 所示，又名"线凿"，刃口部分成锯齿形，
宽约 25mm，厚 3～5mm。用于錾凿较密的短线，如花蕊、鸟的
颈部等。用麻錾能一次錾凿出成排的短线条。

图 3-53　叉凿

图 3-54　麻錾

（8）木槌

木槌又叫敲槌、槌棒，一般用质地坚硬的木材制成，如红
木、黄杨、檀木、榉木等，木槌的长度为 270～320mm，宽 55～
65mm，厚 45～60mm，握柄部位呈圆形略扁一些，大小以握在
手中适宜为准，如图 3-55 所示。

事实上，木雕的工具很多，不同地区有不大相同的工具；同

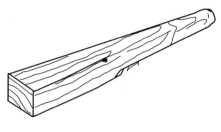

图 3-55 木槌

一地区由于操作者个人的爱好不同，所使用的工具也不尽相同，如图 3-56 所示，为另外的几种工具，以供参考。

以上所列是木雕刻的几种主要不同形状的刀具，同一形状的刀具又有宽度不同的几把，才能适用各种不同的曲面、线条、弯筋等凿削。各种刀具都要配用相应的磨石。刃口应保持锋利。使用时，一字排齐放于桌上，手柄都朝一头。不要碰坏刃口，用完后涂上防锈油。

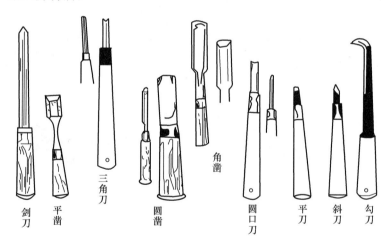

剑刀　平凿　三角刀　圆凿　角凿　圆口刀　平刀　斜刀　勾刀

图 3-56　木雕的其他刀具

4. 木雕品的制作顺序

木雕品有两种：一种是自身作为一个独立的产品，如笔筒；另一种是作为其他产品的一个配件品，如桌上的牙板木雕，门扇中的雕花裙板。

作为独立的木雕产品，一般有产品设计、花饰设计、选材配料、构件制作、雕花、拼装、质检几个流程。

作为配件性质的木雕产品，一般有花饰构件的功能分析、花饰设计、配料配件、基本件制作、雕花、木雕配件质检与产品保护处理等几个流程。

第二单元　阴　　雕

【操作步骤】

1. 单线阴雕

首先，按照雕花饰件的设计要求，选取合适的木材，制成雕花饰件的基本构件，如门芯板或靠背板，然后，根据饰件基本构件中花样的安置位置，把白描图案复制，复印上去。

单线阴刻的刻花操作最为简单，使用的工具主要是三角凿。

三角凿是木雕工艺在"细饰"中起画龙点睛、装饰美化作用的一种必不可少的工具。制作三角凿要选软硬适中的工具钢（一般用 4～6mm 的圆钢），铣出 55°～60°的三角槽，将两腰磨平，其口端磨成刃口。操作时三角刀尖在木板上推进，木屑从三角槽内吐出，三角刀尖推过的部位便刻画出线条来。要使三角凿刻出的线条既深且光洁，需在每次修磨时都要核对三角形的刀砖模子是否与三角凿的角度吻合；只有经常保持刀砖模子与三角凿的角度相吻合，才能将三角凿的刃口磨得尖锐锋利。

单线阴雕的操作方法，是用三角凿根据图样的花纹，刻出粗细匀称的线条，显示图案。在运用三角凿进行阴雕操作时，要注意对三角凿的运力得当。如果用力时大时小，刻出来的槽线时深时浅，并出现粗细不匀的现象，影响画面的线条流畅。用力过猛还有损于刃口；用力太小，刻出来的花纹线条太浅、不醒目。只有对三角凿的运力得当，方能使刻出的花纹线条流畅、婉转自如。在操作时如遇有特殊的转变抹角的地方，三角凿转不过弯来，可利用平凿、斜凿、圆凿等工具进行衔接。但要注意所刻的线条与三角凿刻出的线条的精细程度相吻合。

2. 块面阴雕

块面阴雕的操作原理基本上与单线阴雕相同。单线阴雕是用三角凿铲出单一的图样线条，块面阴雕也是凿子铲出图样的块面线条，两者都不需表现物体的体积与画面层次。所不同的是单线阴雕需要刻出的线条粗细匀称、流畅；而块面阴雕的块面线条则可根据图样的内容，或深、或浅、或粗、或细、或连接、或间断、或滋润圆滑、或破碎残缺，以铲的速度快、艺术效果好为目的。

块面阴雕的主要工具是圆翘凿和三角凿。圆翘凿的形状与一般的圆凿相同，只是在刃口部位向上翘。其特点是铲雕时刃口不会由于向下挖深而不能向前推进，是块面阴雕与深浮雕的一种专用工具。

【相关知识】

阴雕的基本概念：阴雕，在雕刻技法上相当于篆刻艺术中的"白文印"，具有典雅、古朴的雕刻效果。阴刻是在木板上刻出较浅的、简洁明快的线条、块面图案，因而又称为"浅雕"。它具有雕刻使用工具少、操作简便、表现的图案题材广泛、内容丰富、图案设计不受规格制约等特色。适合装饰于大面积的板面，如橱门板、屏风、挂屏、隔堂板、木板箱等。阴雕分单线浅雕与块面浅雕两种。

阴雕还适用于油漆雕刻，产生特有的艺术效果，其雕刻方法基本同木制品的阴雕。

1. 单线阴雕

单线阴雕相当于国画中的白描，以刀代笔，依靠刀具刻出的线条表现对象，故刀法中讲究线条的流畅等艺术特点。图 3-57 为两种图案的白描稿，据此就可以采用阴雕的手法制成雕刻饰件。

2. 块面阴雕

块面阴雕是单线阴雕的基础上发展起来的。它不是用单线条来表现图案内容，而是利用块面来表达，根据画面的内容也可利

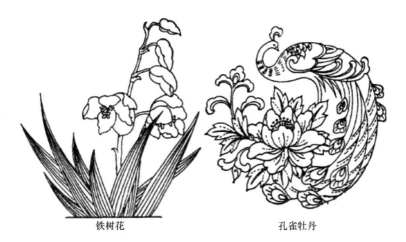

铁树花　　　　　　　　　　孔雀牡丹

图 3-57　单线阴雕图案

用单线条与块面阴雕相结合的方法。块面阴雕的表现形式如同中国画中的写意技法，不强调线条粗细匀称、流畅，寥寥几笔意境含蓄。它的特点是重意不重形。花卉、鸟虫、龙凤等图案最适宜为块面阴雕所表现。如图 3-58 为块面阴雕的图案。

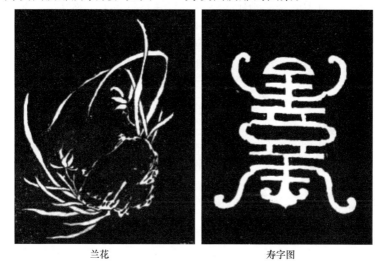

兰花　　　　　　　　　　寿字图

图 3-58　块面设计图案

块面阴雕的优点是操作简单、画面古朴简洁、典雅，具有独特的艺术魅力，用这种形式装饰雕刻的木板箱、橱柜、屏风等独具艺术风采。

木胎镶嵌艺术中，被镶嵌部分的技术处理也属于块面阴雕。不过，镶嵌中的块面阴雕技术的要求，较之单纯块面阴雕要严格得多。它要求凹于平面的块面要绝对平整，镶嵌物与被镶嵌处要吻合，嵌成后要达到天衣无缝的艺术效果。其操作方法是将镶嵌物制作成型后，放在被镶嵌的部位，用铅笔等沿其外形边缘勾描下来，然后根据镶嵌物的厚薄确定块面阴雕的深度。要注意的是勾描铅笔线条时，笔尖要紧靠镶嵌物，不能向外斜；也就是说勾描的线条要准确，才能达到上述的艺术效果。在优质木胎上，利用块面阴雕的操作方法，用彩色油泥，或各种天然色彩的青田石刻片、白桃木、黄杨木、竹丝等镶嵌成悦目图案，制成各类家具，是我国的名贵艺术工艺品。

块面阴雕还是可以表现书法、篆刻艺术。如模仿名人书法、篆刻，可将书法、篆刻作品根据板料放大、缩小（最好根据原作品的大小），用复写纸复印到板料上进行雕刻；把字雕凹于平面，然后加以油饰处理。例如，将板面漆成深棕褐色，字体饰以石绿色，这样处理能获得醒目、典雅的艺术效果。

第三单元　镂　空　雕

【操作步骤】

镂空雕的操作过程一般要经过绘图、镂空、凿粗坯、修光等一系列的工序，下面分别介绍相应的操作方法和要点。

1. 绘图

根据图案花样的设计要求，把花样图案绘制在基本花饰构件上。花样绘制时，注意把木节安排在空洞的位置上，并考虑木纹的横向与竖向的走势。当花样绘制完毕后，在空白处做上记号，标出钻孔的位置。

2. 钻孔

钻孔的目的，是为了穿进钢丝锯的钢丝，以便把空白部位的木块经锼割去除而成孔洞。

钻孔的位置应有利于锼空操作，一般靠近花纹边线附近，并最好在线条的交叉处，以成孔后不破坏花纹边线为原则，切不可把孔置于锼空洞的中心，如图 3-59 所示。

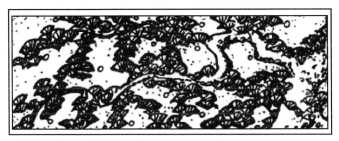

图 3-59　钻孔位置及正、反弓操作示意
①正弓操作；②反弓操作；③钻孔位置

为了能让钢丝锯条端部扣子能自由地穿过小孔，所钻的孔径一般为 4～6mm。钻孔的工具可为牵钻、手枪钻或钻床。

3. 锼空操作

锼空操作，首先要讲究姿势。操作者的姿势正确，运力才能得当。弓锯的操作者在运锯时脚要分开，左脚稍向前，右脚稍向后。操作者从腰部以上要向前倾斜，特别是腰部不能直挺。拉弓时，操作者的身体也要随拉弓的右手上下起伏，这样才能借助全身的力量来拉弓。为防止钢丝断损而被竹弓或钢丝弹伤，操作者的头部切不可位于竹弓的上端，脚不要伸在弓的下端。

锼空时，运弓有正弓与反弓的区别。正弓就是拉弓时，顺着图案线条由左向右转。因为正弓操作正齿的锯路留在工件上，边齿的锯路留在锯掉的木块上，从空洞的洞壁及锯掉的木块断面可以看出，留在花纹边子即洞壁上正齿的锯痕光滑、平整；留在木块断面上边齿的锯痕毛糙不平。主要原因是正齿的齿距密而集中，边齿的齿距稀而且分布在几个不同角度的直线上，所以利用正弓扣件可以达到工件图案花纹断面（空洞洞壁与花纹边子）光洁、平整的要求（除了上述的操作方法外，还要靠钢丝锯条的制作技术相配合）。正弓操作最适宜锯薄板小件。如工件超过弓锯正常运弓范围内的长度时，锯割曲线弓锯转不过弯，可以退到下锯部位，再往相反方向即运用反弓操作。但一般不建议采用反弓操作。图 3-59 中有正、反操作的示意图。

锯薄板小件时用一只手抓弓，另一只手按住工件进行操作。锯厚板大件，一只手拉弓就觉得吃力，且影响工效。为提高工效，可以用两只手拉弓的方法。其做法是：左手握住弓的上端，右手握住弓的中上部，两只手运力拉弓的同时，左手还要稳住弓锯，右手将弓向前推进，防止锯路不正影响工效。

4. 凿粗坯

凿粗坯是紧接镂空工序后的一道工序，凿粗坯是指超过 25mm 厚的花板，10mm 左右的薄花板不需要凿粗坯，只需钉样（切割木材纹理）后，直接铲雕、修光。通过凿粗坯，能使图案花纹的雕刻形象初具雏形。操作技术的好与差，同样决定其工件的美观、牢固与否，并直接影响下一道的修光工序。要使这方面的技术过关，必须注意以下几点。

（1）熟悉图案

要使凿粗坯顺利进行首先必须充分理解图案的设计要求。操作前首先要仔细琢磨图样，熟悉图样，从中找出花纹的结构原理，从有利于镂空雕刻、兼顾整幅图案的统一、和谐及下一道修光工序的操作入手。下面以图 3-60 为例来认识图案设计要求，并讲解操作流程。

图 3-60 是一幅"松鼠采葡萄"的图案花纹。要理解图案设

图 3-60 "松鼠采葡萄"镂空图例

计要求，就得从中找出主次。要分出主要表现的部位与次要的起烘托、陪衬作用的部位。这里首先要突出的是松鼠与葡萄，这些是要重点突出表现的部位。要尽量地在这方面多下一些功夫。譬如葡萄要凿得深、凿得圆润，才有利于修光后将其表现得晶莹、醒目，有果实累累之质感；要掌握松鼠的基本特性，认清图案中松鼠的活动姿势，将松鼠的各个部位按解剖、比例关系，利用雕刻工具及其表现手法，尽可能地表现得形象丰满，具有一定的立体感。这就需要对图样的设计要求理解得深，在头脑中有个轮廓，这样才能得心应手，作品传神。

主要部分突出以后，在次要部分还要再分主次。这里又要分老藤、嫩藤及葡萄叶。要考虑怎样才能使得老藤苍劲有力，枝藤纤嫩、柔软、富有弹性，葡萄叶怎样凿才显得因风吹而出现翻卷、飘洒之势……总之，在认识理解图案设计要求的基础上，做到心中有数，尽可能考虑使整幅图案和谐传神，达到静中有动，平面上见立体的艺术效果，为凿粗坯的实际操作做好准备。

（2）凿粗坯的要求

在理解与熟悉了图案的设计要求后，便着手凿粗坯。操作时最要注意的是深浅问题，太深了会影响工件的牢固，太浅了会使表现出来的图案花纹呆板、生硬，缺乏立体感。合理的深浅，要根据工件的厚薄来决定。以工件厚 40mm 例，最深不能超过 15～20mm（除少数特殊部位），以确保修光时，为使花纹表面光洁、平整还能往下铲；最浅的部位即为工件的表面。从平面到深度为 15～20mm 不等，这整幅图案花纹，要在充分认识与熟悉图样的基础上，再作出通盘的考虑，尽可能地做到高低适中。如果大面积的部位留平面与大面积的部位不留平面，这样画面就失去了和谐协调而显得单调、平板，没有生机，即使整个工件完成之后，也缺乏艺术性，没有和谐协调感，失去镂空雕刻的艺术风格。

（3）完善图案

在做到以上两点，即充分理解与熟悉图案设计要求，掌握高低适中，切忌大面积平板单调的同时，还要纠正前道工序的不足之处，才能完善整个粗坯的工序。

层次分明，切忌模糊不清，这是完善图案、纠正前道工序不足之处的最基本的要求。图案花纹本来应该凿得有轮有廓，尽量凿出流畅的线条来，当圆则圆，该方即方。但是由于镂空操作的不慎或技术等因素，未能达到图样的要求，如某些花纹、图样要求是圆、方规则的，但在镂空时没有符合其规格，这就要求凿粗坯时加以纠正完善，还其本来面目。诸如此类现象，都要在凿粗坯时进行纠正，尽可能按其要求凿好。

（4）工具

凿粗坯的主要工具是木槌与凿子。

凿粗坯的凿子主要是平凿与圆凿。其柄要比修光的凿子柄短一些，这样木槌打下来不会晃动，也比较准确而且省力。凿子柄要选用质地比较坚硬又具有韧性的木材来制作方能经久耐用，其高度一般不超过（连柄、凿子计算）200mm。凿子的刃口在修磨时也比修光的凿子厚一些，刀刃角度为 20°～25°，这样遇有质地坚硬的工件方能适应。

5. 修光

修光是凿粗坯的下一道工序。它的主要任务是修粗坯为光坯，将图案的设计要求比较细致地表现出来。操作时要注意以下几点。

（1）平整

修光工序是非常重要的一环。因为修光工序是否完成得好，直接影响到整个工件的艺术价值。所以它是比较细致的一道工序，工作量也是比较大的。修光后成品应光滑、干净，并且有棱有角、有骨有肉、形象丰满。艺术效果必须建立在整块工件上的图案花纹的高低协调与和谐的基础上。鉴于各道工序的分工不同，前道工序留下的粗坯不可能完美地达到高低协调与和谐的标准，因此修光的第一步就是平整。所谓平整，即将凿粗坯时留下的大块面积的凿子斑痕，利用平凿将其平整得光滑与协调。

（2）线条流畅

平整了高低、深浅，使之光滑与协调之后，便要求画面雕刻的花纹线条流畅。在做到这一步以前，首先要将以上两道工序遗留下来的、没有达到图案要求的部位，进一步加以修正。譬如不应该有粗细的嫩藤有粗细；花朵的花瓣应对称的而有大有小；叶子等不应该有缺裂的却有缺裂，而应有缺裂的又不规则；动物、飞禽等的各个部位与其整体不协调等，所有这些现象都要尽可能地加以修正，使之完美。

要使线条流畅，最主要的是根脚干净。所谓根脚，就是花纹的横竖交叉，上下交叉的部位。这些部位一定要利用各种刀法来进行适当的处理，要切得齐、修得光、铲得干净、不留木屑。俗话说："粗不留线，细不留纤。"意思是说，再粗糙的做法，也不能将绘图时的铅笔线（图样线条）留在雕刻好了的画面上；稍认真讲究的话便不能将纤头留下（纤头，指花纹横竖交叉、上下分层的部位当圆不圆、该方不方，根脚部位不规则，但在表面看上去是规则的，而在线条以外留有多余部位）。做到以上几点后，还要将图样的长线条部位，如花茎、藤等，利用平凿与圆凿将其分别铲出明显的线条来。这种线条不管转弯抹角以及交叉穿插都要连接得起来，要将凿粗坯时藤、花茎之类线条的毛边依次往下铲，直至与镂空的空壁相吻合。这样处理既具有立体感又能达到线条流畅的艺术效果。

（3）光洁处理

在将粗坯的凿子斑痕平整协调，将前道工序留下的不规则之处予以纠正，根脚不留木屑，做到线条流畅后便进行修正的最后一道工序——光洁处理（包括切空、磨光、背面去毛）。

切空，就是将镂空的空壁上的锯痕利用凿子切干净。切空的操作是比较简单的，只要将锯痕切掉就行。如果工件不大的话，可以一次性通盘操作。具体做法是：假设先用平凿切，先由一号大平凿开始切，全部切下来后，再换小一点的二号平凿，根据这个办法由大到小依次调换，直至使用平凿切的部位全部结束再换圆凿切。用圆凿切也根据这种方法直至圆凿切结束，至此切空就告结束。为防止漏落可再逐一检查一下。使用这种方法有两种好处：工效快，因为凿子在手不轻易调换而节约时间；不容易漏落空洞。

而大工件的切空不适应这种方法，无法提高工效。大工件的切空采取边修光边切空的方法较为适宜。如需提高工效，尽量修光与切空在同一个部位进行。这样切空，能掌握图案花纹的和谐性、完整性，并具有工效快的特点。

另外，要使切空光滑，特别是一些软性木材或斜纹理木材，不宜将凿子直上直下地切。下凿的时候稍斜一点，待切到底部时再平切。这是因为软性木纤维结构松、纹理粗，带斜切有利于顺木材纹理切削，从而达到光滑的效果。切空既要切得光滑，又不能留凿子斑痕。

磨光，磨光的办法是利用纸砂与钢玉砂纸将雕花的表面与空洞磨光。磨光的标准就是尽可能地看不出凿子斑痕，再用较细的木砂或钢玉砂纸将雕花部位磨光滑。像藤子等圆形花纹可用钢玉砂布撕成布条（约 10mm 左右），伸入空洞用两只手拉住布条，在花纹上来回拖磨，这样磨出来花纹光滑、美观。磨光关系到整个镂空雕刻的美观及雕刻品经过油饰处理后的光洁度。

背面去毛，就工件的背面利用平凿或斜凿，将花纹边缘的毛边铰掉，以达到工件的整洁。背面去毛的雕花板，从正面看视线不受障碍，具有玲珑剔透的艺术效果。背面去毛的操作方法比较简单。要注意的是要顺木材纹理铰，铰的角度要陡，如果角度不陡，从正面看上去仍可以看出背面的毛边。如果是批量生产小型的薄片花板，这种背面去毛可以利用火烤的方法将毛边烧掉。

6. 细饰

细饰俗称"了工"，亦称"了细"。它是整个镂空雕刻的最后一道工序。其主要任务是利用各种木雕工艺的表现技法来装饰画面，使画面尽可能达到精美华丽、形象生动、装饰性强的艺术效果，给人以赏心悦目的艺术感受。

细饰的具体操作方法是利用三种艺术手法来表现。即使用仿真、装饰、比喻等艺术手法，达到精细刻画的目的。

修光及细饰主要是用凿子（做硬质木材如红木黄杨、硬杂木等还需用木锉、刮刀等）。凿子有平凿、圆凿、斜凿、三角凿。修光的凿子其特点与凿粗坯的凿子相反，要求凿子的刃口修磨得薄，其刀刃角度为 $10°\sim15°$（做硬质木材时，将刀刃角度修磨成 $15°\sim20°$ 即可），修光凿子的高度也比凿粗坯的要高，其高度一般为 250mm 左右。这样便于用胸部顶住凿柄配合操作。凿子要做到善磨、常磨，保持刃口的锋利，才能保证修光出来的工件平整、光滑，并提高工效。

以上我们讲述了镂空雕的一般技法，对于镂空雕的操作方法，除了凿孔工序以外，其余的各道工序基本相同，即在凿制空白孔时，要严格控制运凿方向，防止花纹木材的破裂脱落，避免花饰雕刻件变为废品。

对于镂空两面雕的制作方法，基本上与单面雕的方法一样，仅是对花式图样在板面的两面进行雕刻而已。

【相关知识】

1. 镂空雕的一般概念

透雕，是指雕刻图案中的空白部分被彻底挖空的雕刻。木雕中的透雕有镂空雕和镂雕两种。镂空雕是使用钢丝锯将图案中的空白锯割后挖空，镂雕是用凿子凿削空白部分而挖空。在实际的透雕制作中镂空雕的方法用得广泛。

透雕饰件的图案表面雕刻处理，有单面及双面两种。上述的介绍，主要针对单面雕刻处理而言。对于双面雕刻处理的饰件，所配备的板材的厚度应加大，花纹图案的表面处理，里、外两面不一定刻制成对称式，可灵活安排重叠穿插式，以增加饰面花板的强度。

2. 细饰手法

细饰的艺术手法很多，在镂空雕中，主要采用仿真与装饰性处理及借喻的方法。

（1）仿真

仿真是要求表现的对象尽可能地生动逼真，达到栩栩如生的艺术效果。这种表现手法与中国画的工笔技巧相似。如工笔花鸟画的花、叶等可用笔画出形象逼真的花瓣、叶茎等。鸟儿应活灵活现，用细腻的笔能画出鸟儿眼睛、腿、趾等细致的部位；画羽毛就能画出耳羽、肩羽、小复羽、中复羽、大复羽、初级复羽、次级羽、尾上复羽、尾下复羽及尾羽等，可谓栩栩如生。因此，细饰中仿真的表现法完全可以借鉴中国画的工笔技巧。如图3-61所示是一幅没有经过细饰处理的"鸳鸯戏荷花"的镂空雕刻图案。

通过这种真实性的表现法，将鸳鸯的眼睛、羽毛等比较细致地表现出来，将荷花叶子刻出了逼真的叶茎等。经过这样处理后整幅画面便基本上达到逼真的艺术效果，如图3-62所示。

图 3-61　未经细饰处理的雕刻图案

图 3-62　经过细饰处理的雕刻图案

（2）装饰性处理

细饰中利用装饰性表现手法，可以填补画面单调无味，增强与渲染木雕艺术性，从而使画面色彩斑斓，具有浓厚的雕刻艺术风格。应该注意的是，细饰的目的是要起到画龙点睛的作用，达到锦上添花的艺术效果，而不能画蛇添足，无理地拼凑或随心所欲地点缀，以致画面琐碎繁乱、平庸无章，失去原意。如图 5-63 所示。

(*a*)   (*b*)

图 3-63　细饰处理前后雕刻图例

(*a*) 未经细饰处理；(*b*) 经过细饰处理

（3）借喻

因镂空雕刻本身的特定形式受某些条件的制约，以及某些图案的某些部位不能恰当表现时，通过以仿真与装饰两种细饰的表现手法仍不能使画面表现得淋漓尽致，便可利用"借喻"这种表现手法，使画面得到充实，以增强其艺术效果。

所谓借喻即比喻，就是要利用抽象的艺术形式，恰到好处地充实画面。也就是说，某些部位不能逼真地表现出来，可以刻出一些抽象的纹饰来代表、表示某一不能真实表现的部位，其实这也属于装饰性的范畴。如假山石（包括山石上的青苔、小草、小花等）、老藤、云朵、杂树等，这些都是难以在镂空雕刻中具体表现出来的。只有利用抽象的借喻性表现手法，以充实整工件的画面，尽可能地达到完美的艺术效果。如图3-64所示是利用借喻性细饰法细饰的图例。

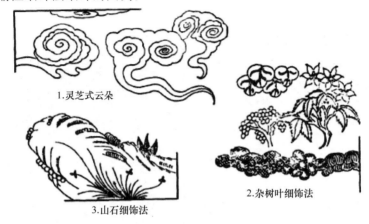

1.灵芝式云朵

2.杂树叶细饰法

3.山石细饰法

图3-64　借喻性细饰图例

第四单元　浮　　雕

【操作步骤】

1. 浅浮雕的雕刻

浅浮雕的操作也要经过凿粗坯、修光、细饰等工序而成。

（1）浅浮雕的凿粗坯

浅浮雕的凿粗坯较深浮雕要简便得多，因为在设计浅浮雕图案时，就考虑到其浮凸高度一般不超过10～15mm，所以画面不作过多的穿插、叠盖。也就是说由于浅浮雕的浮凸低及图案设计不要求画面分层次，因此浅浮雕的凿粗坯是一次性的。要以图案的装饰题材而采取不同的凿法。一般浅浮雕适宜线条型的纹样和花卉、飞禽等。譬如是线条型的纹样，则将线条凿得流畅、粗细均匀，既不用露脚也不用藏脚，只要求上下垂直。但是为了防止凿粗坯时细线条容易破坏（指木材纹理纵向的线条），可适当放一定的露脚余量，待修光时再修成上下垂直。如果是花卉、飞禽则要求多采用藏脚的方法，以显示画面的秀美、飘洒。

为了使凿出来的画面经久牢固、兼具立体感，在凿的时候要注意"露脚"与"藏脚"的适当配合。斜于垂直以内的称之为藏脚，斜于垂直以外的称之为露脚。露脚所表现的物象呆拙，藏脚则有清秀感。需根据具体对象而论，当露则露，该藏即藏。如花瓣、花叶应利用藏脚，所表现出来的花瓣、花叶就显得飘逸、真实；山石、山坡就应该用露脚，悬崖可用藏脚；建筑物的墙、柱、栏杆等（指平视）就应垂直才能表现出建筑物的体积感。图3-65 为雕刻脚处理示意。

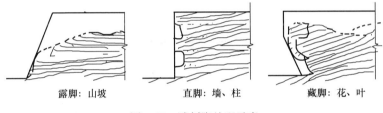

露脚：山坡　　　　直脚：墙、柱　　　　藏脚：花、叶

图 3-65　雕刻脚处理示意

因浅浮雕的穿插、叠盖较少，没有复杂的画面，故而留有较多的空白而且比较大，所以便于凿底子（即底子画的空白部分）。可以根据空白的大小而用大小不等的平凿，进行木材纹理的纵向凿。纵向凿便于切割木材纹理，而且凿出的底子也较横向凿要平整。

（2）浅浮雕的修光与细饰

浅浮雕的修光其关键就是铲底。因其画面的空白大，故要将已被粗凿加工的底子按要求铲平。铲得平整如镜的底子，浮雕画面就像贴花一样贴在平板上。这里介绍一种方法，适用于浅浮雕的大面积铲底。铲底时先用大号平凿在板料上按竖向方向铲，这样铲比按横向顺木材纹理铲的效果要好得多。因为按横向铲，如遇到斜纹理、逆向纹理（通常称"倒丝"）就很难处理。而竖向铲可以一次性割断木材纹理，且不留凿子斑痕，不像顺纹理铲，因纹理长而坚硬，凿子刃口部因打滑而或上或下，以致铲不平整而且留有凿子斑痕。为提高工效，如工件不超过1m长的，最好不要常调换凿子，要做到一把凿子在手将能利用这把凿子完成的部位尽量都完成以后，再调换另一把。也就是说铲底时待大号平凿能铲的都铲好后，再调换小一点的直至最后利用极小的平凿或小斜凿进行收尾。这样铲，底子既平整，工效又快。

铲底子要细心，不可求快心切地将画面线脚处铲干净就算，使留在板料上画面的空白部分即底子呈"馒头型"，这样便会失去浮雕的艺术价值。

浅浮雕的细饰也不外乎有真实性、装饰性、借喻性三种，一般多用装饰性与借喻性。与其他木雕形式的细饰所不同的是，画面空白的隔景，所谓隔景，就是在画面的空白部分即底上再雕饰一些纹样，以增加整个工件的装饰效果。当然隔景也要根据工件的装饰作用和装饰题材而定，不是所有的浮雕都要在底部上设隔景。譬如属于装饰的木雕家具的某些雕饰部位，门窗裙板等的浅浮雕底子上，再雕饰一些线条型的纹样，就显得画中有画，增加装饰效果，起到一定的点缀作用。

2. 深浮雕的雕刻

深浮雕的操作程序为凿粗坯、修光、细饰等。

（1）深浮雕的凿粗坯

深浮雕凿粗坯的技术要求是使作品的题材内容在木料上具有初步的形态，整个画面初具凹凸轮廓。它是决定整幅作品的造型、推落层次的深浅等关键的一环。它不同于镂空雕刻的凿粗坯、镂空雕刻的凿粗坯是在镂割了空洞，有了固定的图案轮廓的基础上，凿出图案花纹的深浅而已。深浮雕的凿粗坯就决定题材内容的造型来讲，如稍有疏忽大意被凿掉的平面不可复得，并且破坏了设计要求，影响整个浮雕作品的美观。

要把握好深浮雕中凿粗坯的这一道工序，首先必须熟悉图案的设计要求。也就是说先看浮雕作品的内容，而后定层次、分深浅。如果是表现复杂而生动的人物场面，那么那些人物在前，那些人物在后；再看衬托的景物，如有树木、假山、房屋，决定其哪个在前，哪个在后。画面中的人与物要根据设计要求，推落层次像舞台布景一样分前后。这就要求懂得透视关系，掌握前后层次的大小比例，才能使作品表现得意境深远，具备故事情节。

在凿粗坯的过程中，推落层次的深浅，要根据图案的题材内容而定。表现具备故事情节，复杂而又生动的多层次的深浮雕，其深度也就是浮凸的高度，不得低于20mm，最好能达30～40mm。凿这样深，在操作中有困难，特别是底子即画面的空白部分难以凿平，这就需要特殊工具，如翘凿等。

在进行凿铲底子时，比浅浮雕更应注意雕刻脚的处理，既要考虑花饰图案中的景物视觉要求，又要考虑到后道加工工序的操作要求。

（2）修光与细饰

深浮雕的修光工序较镂空雕刻修光工序的难度要大得多。镂空雕刻的修光是在镂空后经过凿粗坯工序后所进行的修光，然而深浮雕的修光难就难在要将底子即画面的空白部分铲平。好的修光技术能使整个浮雕画面就像呈现在纯洁无瑕的空间里，充分显示出浮雕的艺术感染力。

深浮雕的修光，另一个特点就是通过修光才能将画面的造型，即所要表现题材中的物体的大小、粗细，物体与物体之间的深浅、比例等最后正式定型。因为浮雕画面的初步定型是凿粗坯、凿粗坯时因要顾全过细的部位而注意木材纹理，顾及画面牢固性而不能一次性成型。修光之所以能胜任这一任务，其主要原因是修光时利用手上的力度掌握凿子，经过几次的铲削而成，而不像凿粗坯时利用木槌的冲击力，大刀阔斧地进行操作。

深浮雕的修光操作程序不同于浅浮雕，特别是大面积的深浮雕；不能像浅浮雕那样为提高工效而通盘操作，也不轻易调换凿子。

3. 实例制作

（1）平板浅浮雕

图 3-66 为一个浅浮雕装饰的配件图样，进行相同图案两面对称雕刻，以便安装于门扇之中。

图 3-66　浅浮雕（五福拜寿）

设计规定，雕花配件板的外包尺寸为 840mm×840mm，总厚为 36mm，板的两面雕花层各为 12mm 深，中间板为 12mm 厚，四周安装进门梃，榇凹槽的板边缘厚为 6mm，木纹为垂直走向。采用整块的板材雕刻制作。

雕刻制作的要点如下：

1）充分了解雕花配件的制作要求，尤其是配件的几何尺寸、用料要求、配件的功能要求。

2）正确选择板料，尤其要选择无裂缝、节疤的整块板料，并尽量避免发生翘曲变形，外形的边长与厚度合乎配件的加工制作要求，并先刨削成稍大于 840mm×840mm×63mm 的平整的基本型材，然后放置在干燥、平整的台面上，并上压重物，以防变形、弯曲。

3）认真阅读图案的设计图纸，完全弄懂图案中块面与块面之间的高低关系。并在纸上绘制实样图。

4）取出基本型材，先在两面画出中心十字控制线，然后板的四周的边线、凸线，最后把五福拜寿的图案实样图拷贝复制在板的两面。

5）按照浅浮雕的操作技法，认真地进行凸线范围内的凿粗坯、修光、细饰等工序工艺的制作加工。

6）进行凸线范围外的凿削，凿削与修正加工，完成全部制作工序操作。

7）仔细进行质量自检与验收，最后做好产品的保护措施。

（2）平板深浮雕

图 3-67 为一个雕刻幅画为 1880mm×1340mm 的装饰展示的平板深浮雕的工艺产品。根据图示的特点，其雕刻制作要点如下：

1）在有关人员的指导下，选择符合要求的树种木料，制成满足雕刻施工条件的基本型板材。如图 3-67 所示的装饰展示类的木雕工艺品，用料应该特别讲究。选择纤维组织密实、雕刻面细腻光滑、不易开裂变形的树种，取其材色一致并呈淡色的成材，经过仔细拼接后应看不出拼缝，木纹走势取水平方向为好，基本型板材的背面可进行防翘曲变形加穿条措施。

2）把图案直接放样于基本型板上，绘制图样的线条要细小并醒目清晰，并仔细复核，确保正确无误。

3）搁制雕刻件的工作台，最好有水平搁置和垂直搁置两套措施，以方便于雕刻工艺操作。

4）在吃透了图案设计的意图后，按深浮雕的操作方法进行凿粗坯、修整、细饰等工序工艺操作。然而，由于实际雕

图 3-67　深浮雕图例（山水）

刻者的艺术修养的不同、操作水平的高低、美观感觉的区别、师承流派的特点。即使是同一图案、同一材料、同一幅画大小的浮雕，最终雕刻品的风格，总是不同的操作者有不同的风格，还有可能是同一个人，在不同的年龄时期，其风格也不尽相同。

　　5）全部雕刻工作结束后，应进行自检和验收，并交下道工序进行涂色、上光等饰面处理。

【相关知识】

1. 浮雕的概念

木材浮雕是在木料上将所要表现的图案形象凸起，与阴雕相反，雕刻技法上属于"阳文"。它的操作原理与篆刻艺术中的"朱文印"相同。所不同的是篆刻是单线条的，而浮雕则要分层次，尽量表现出装饰题材的立体感。浮雕的装饰效果：从某种程度上来讲，要胜于其他任何一种木雕表现形式。尤其是深浮雕，能表现复杂而生动的场面，具有诗情画意，引人入胜。由于浮雕有深浮雕与浅浮雕两种不同的工艺，其操作技艺也有所不同。

2. 图谱

雕刻图案的图样，一般选自图谱。

图谱，指的是图案的样本，一般有好多种类的图样所组成。一般有以下几种类别：

（1）按图案的应用分，有插角、贴花、牙板、脚腿、云板、床罩、掛落、飞罩、靠背、扶手等。

（2）按图案所表达的内容分：几何形、花草、飞鸟、动物等。

（3）按表现的形状有条形、独立、组合等。

（4）按表示的意境有写实、寓意等。

图 3-68～图 3-72 为图谱中的几种类型。

图 3-68　双凤弄潮

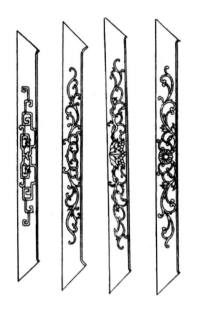

图 3-69　桌子牙板浮雕图案

图 3-70　浮雕雕刻图案（鸳鸯荷花）

图 3-71　图案参考

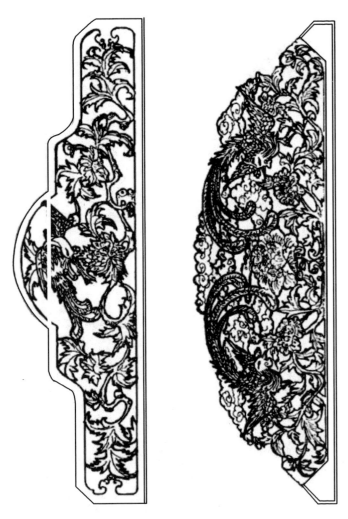

图 3-72 镂空雕刻图案（上隔挡花板）

第五单元 贴 花 雕

【操作步骤】

　　贴花雕的制作装饰步骤一般为：

1. 了解装饰对象的情况

通过设计图纸或直接察看装饰对象，了解其相应的形态、大小、功能性质及颜色等一系列的情况。

2. 贴花图样的设计

根据装饰物对象的情况，确定贴花装饰的部位，选择合适的图式，画出相应的实样花式图案，并征求有关人员或部门负责人的意见。

3. 贴花制作

根据贴花的设计实样，进行贴花花样的制作，贴花花样的制作比较简单，类似单面透空雕。

4. 粘贴花样

按照原定的设计规定，使用相应的胶结材料，把花样粘贴在装饰对象中。粘贴时勿使胶液流淌，经压实粘牢后，再作最好的修整。操作要点

（1）设计时首先确定贴花的布置位置，则贴在门扇的什么位置、贴几处；接着决定贴花的大小尺寸、选用的材质与材色；最后进行花样的图案设计，绘制实际使用的贴花图案。

（2）镂空锯割时，对于相同花样图案的贴花可把多块板叠在一起进行一次锯割，之后在每块花饰坯料绘出花饰图样线条。

（3）对贴花花饰件的雕刻，实际上是综合使用了阴雕、浮雕的相应技法，所以按相应方法进行认真的雕刻操作，并要求相同图案的贴花饰件，外观形象应一致。最终粘接于橱门扇上应位置一致，并无粘接液外溢外漏。

【相关知识】

贴花雕的基本知识：贴花，既是古老又是新型的装饰工艺，说它古老，即我国的剪纸贴花历史久远；说它新型，是被移植到木雕装饰中，成为一种新型的木雕装饰工艺，称为贴花雕。

贴花雕产生于 20 世纪初，随着西方资本主义国家对我国入侵，也带来了一些西方国家的文化，"西式"家具也因此影响我国，有的甚至被利用，最早的"贴花工艺"也就应运而生了。当

图 3-73 西式手枪花贴花

时较有代表性的贴花工艺是西式家具上的木雕装饰，被人们称之为"西式花"。直到 20 世纪 70 年代，在我国南方如苏州、无锡、常州等地的家具仍沿用这种"西式花"，如橱门上的"手枪花"，如图 3-73 所示。这种"手枪花"是雕刻成型以后用胶粘剂粘贴在家具上的，所以称之为贴花。

这里讲的贴花雕工艺是借鉴上述的贴花装饰原理而发展起来的、具有我们民族特色的木雕装饰工艺。它不像上述"西式花"那种有程式性的图案，而在装饰图案及式样上不受一定的规格制约。贴花雕工艺最大的艺术特色是利用镂空这种雕刻技艺，将要表现的装饰题材镂刻出来，这种式样飘洒、自如的图案花纹贴到器物上后，有浮雕一样的艺术风格；却不需要花浮雕那么大的制作时间及材料，称得上是一种经济实惠、美观大方的装饰工艺。镂空贴花图例如图 3-74 及图 3-75 所示。

贴花雕是一种经济实惠、美观大方的装饰工艺，受到人们的喜爱与广泛应用。在我国

图 3-74　菊花叶片贴花

图 3-75　贴花雕图案

的装饰、装潢工艺中，贴花雕已经成为一种必不可少的主要的装饰手法之一。它的应用范围已普及到生活的每一个角落。如宣传廊、展览厅、广告装潢、广告箱、商品柜、各式艺术形台钟、挂钟的装饰，木家具、馆舍的木制顶棚上的装饰等。可见贴花工艺有着极其广泛的应用范围和深远的发展前途。

贴花雕的制作工艺特长之一就是简便。它的制作原理就如同民间剪纸贴花一样，不过是材料及制作的工具不同而已。剪纸为提高工效，剪同样的花样可以几层纸一次性剪；而镂空贴花也可以几块木板（当然是指薄板及三合板、五合板等）一次性镂刻。所不同的是剪纸是一种平面性的花样，贴花雕尽管也是一种平面性的花板，然而它却可根据板料的厚薄，进行一些简单的雕刻加工，显示出一定程度的空间进深效果。

利用边角废料，节约木材这是贴花雕工艺的又一大特点。因为贴花板不是单独存在的艺术品，是将贴花的花板粘贴到被装饰器物上的；因此，无论多大的装饰部位的贴花配件，花板都不需要具备装饰部位那样大小的整块板料，而利用小块的板料制成小件贴花花板；在粘贴的时候通过拼接的方法即可拼接成大幅或长幅的贴花装饰纹样。利用小块所的板料还便于应用浮雕、镂空、阴雕等操作技法，能较大幅度地提高制作工效。

贴花雕在制作时也有一定的缺陷及难度。因为贴花图案是没有边框的散边花纹，图案组织方式又不像镂空雕图案那样注意木材处理的搭配而达到成品的经久牢固；它所进行制作的板料又是很薄的，所以很可能在镂空操作时因受弓锯拉力的冲击而致使花纹断裂、损伤。这里介绍一种比较简便的方法处理这一缺陷；将散边的竖向花纹用横向的直线条连接起来，起支撑作用，待花纹镂空成型包括简易的雕饰后，再用凿子将搭配的直线条切割掉，如图 3-76 所示。

图 3-76　贴花雕缺陷处理

（六）雕花脚制作

【操作步骤】

雕花脚制作步骤如下：

雕花脚制作，是指"家具中的腿脚底盘构件进行部分的雕刻制作以满足这些构件的雕花饰面要求。事实上建筑中梁柱的雕花，也属于这一范围。"

图 3-77 为八仙桌的腿、挂衣橱的底盘，都被设计成雕花构件。这种构件的雕花实际是两面三面的浮雕综合，也可以说是初级的圆雕，下面分别进行介绍。

1. 八仙桌腿的雕花

（1）根据家具的设计要求，选择合适的方料经刨削、画线、锯割、制成桌腿的基础方材，如图 3-78 所示。

（2）进行小块面的直线切割锯削，求得桌腿的雕花图案的外几何轮廓如图 3-78 中的脚切块示意图。

（3）"照设计图案，对桌脚进行精心凿削与修整，求得设计所要求的外形，如图 3-78 中所示。"

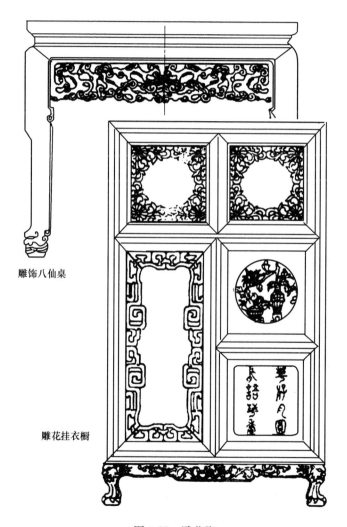

雕饰八仙桌

雕花挂衣橱

图 3-77 雕花脚

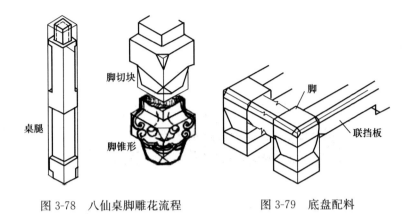

图 3-78　八仙桌脚雕花流程　　　　图 3-79　底盘配料

（4）进行桌腿中间截面形状、花饰的制作。

（5）桌腿上部的线脚花纹，应与脚相交的桌竖梃连接后起修整，并注意相交处的圆弧接线的连贯。

2. 挂衣橱底盘的雕花

如图 3-77 所示挂衣橱的底盘是由脚与联挡板所组成，分别设计成两种形式不同的雕花式样，其操作要点如下：

（1）根据底盘的结构要求，接图 3-79 的形式进行配料制作脚与联挡板的基本构件。

（2）脚按八仙桌的要求进行打雕刻制作。

（3）联挡板摇浅浮雕的操作法制作。

（4）把脚与联挡板拼装成底盘后，进行拼接处的花样细饰，"以统一接缝处的花饰外形。"

对于腿脚与其他杆件的榫接节点制作可以参照榫接结构的有关知识、完全可以制作完成。

【相关知识】

杆件圆雕知识：像上述中的腿、脚类杆件圆雕，实际上是把一个花饰饰件从三个方面进行深浮雕，所以，这类圆雕是深浮雕的深化而已。

杆件圆雕的操作要求基本上与雕花脚相同。

（七）斗 栱 制 作

【操作步骤】

1. 阅读图纸准备木料

认真阅读斗栱的设计图纸，了解各个部件的形状和相应尺寸，知道各部件之间的相互结合关系。

选择干燥不易变形的木材，并进行基本的锯割，刨削加工，以便制作斗栱各杆件。

2. 斗栱杆件的制作

斗栱各杆件的尺寸以"口"为标准，分别把斗、翘、栱、昂、蚂蚱头等杆件一一制好，分别堆放整齐。

对于需雕刻的杆件，集中进行雕刻加工。

3. 安装

斗栱的安装应分层逐步进行，把有关的斗、栱等杆件一一安装上去。各杆件的连接一般用榫接卡压结合在一起。

【相关知识】

斗栱的构造知识：在大型木构架建筑的屋顶与屋身的过渡部分，有一种我国古代建筑所特有的部件，称为斗栱。它是由若干方木和横木垒叠而成，用以支挑深远的屋檐，并把其荷载集中到柱子上。

斗栱在我国的古代建筑中，不仅在结构和装饰方面起着重要的作用，而且在制定建筑各部分和各种构件的大小尺寸时，都以它做度量的基本单位。

古代建筑由于屋檐挑出很长，斗栱的原始作用就是用来支承屋檐与柱子的前力及承托挑檐桁的。但是，经过历代建筑艺术的不断演变和进展，发展到了明清以后，除了柱头上的斗栱还保持着一些原始机能外，其他功能已失去而变成半装饰品了。

斗栱的种类很多。若从大的方面分，有内外檐之分。外檐斗栱又分为上檐斗栱和下檐斗栱，但所处位置都在檐部柱头与额枋之上。外檐斗栱因其具体部位不同．其叫法也不同。在柱头上的叫柱头科斗栱；在柱间额枋上的叫作平身科斗栱；在屋角柱头上的叫作角科斗栱。

斗栱是由很多各种形状的小木件组装起来，从外观上看似乎颇为复杂。如果我们将其各部件拆开，仔细分析，就会觉得其前后上下有条不紊，是非常有规律性的。从细部看，每一攒斗栱（斗栱的全部统称为攒）又可分为三个部位，以檐柱缝为分界线，在檐柱缝上的叫作"正心栱子"，包括正心瓜栱，正心万栱。在檐柱缝以外的栱子叫"外拽栱子"，在檐柱缝以内的栱子叫"内拽栱子"。由正面自下而上看，分为大斗、十八斗、三才升、槽升子等小构件，正中挑出部分有昂、翘等扣件。

在纵架上用若干层枋子将各攒斗栱连接在一起，这些枋叫正心枋、外拽枋、里拽枋等。由此可见，斗栱是由若干大小不同的构件拼合而成的整体。

一组斗栱的繁简常以"踩"数的多少为标志。踩是什么意思呢？即以正心栱为中轴。挑出一层栱子为踩，踩与踩的中心线的水平距离为一拽架，每往里外支出一拽架，就多一踩，谓之出踩。如五踩，各向里外出两拽架，共四拽架。七踩各出三拽架，共六拽架，其余以此类推。斗栱踩数多，其分件就随之增多。

四、工后处理

（一）质量检查

对于工件、产品的质量检验方法。

1. 审查质量保证资料

这是必须达到的要求，是保证产品安全或主要使用功能的重要检验项目，其内容一般对主要材料、构件及配件、成品及半成品、设备的性能、材质、技术参数性能等以及结构的强度、刚度和稳定性等要求，进行验证、确认、检测。

2. 基本项目的检测

基本项目的检测，也称为目测。通过小工具检测或直接观察触摸，对结构的完整性、使用功能、外观形象等进行直觉的主观评价。

3. 实测

用专用计量工具，对规定有允许偏差范围的项目进行实测实量，以规定的偏差范围进行判断。

4. 试验检测

以试验的手段，对产品的主体质量和功能要求进行检测，证实产品的实际功能情况和质量指标，确定产品的质量水平。产品的质量水平，一般有优良、及格及不及格三个等级。不合格的产品不得进入市场，也不得进入下一道工序，必须进行修复或作报废处理。

（二）缺陷处理

对于质量缺陷的具体情况，有的是由于偶然的因素所造成的，有的是表现为质量通病。缺陷中的有些问题，是无法进行修复的，有些是可以通过修复加以解决。对于质量通病的处理，一是预先采取相应的措施，以防其产生，二是产生后形成缺陷，则尽量加以修复。

木制品中常见的质量问题，一般有以下几种：

（1）杆件出现裂缝

由于选用的木材含水率较大，或处于忽干忽湿的环境中，或杆件截面尺寸大，干缩内应力过大，或受力不稳，或树种本身易开裂，等等，致使杆件开裂出现裂缝。较小裂缝可经油漆批腻子填汲，较大裂缝，用无色胶结剂拌相应树种的木屑粉批嵌。对于缝隙较大，且影响结构强度，或严重影响产品的外观形象，则应拆下调换。

（2）杆件弯曲变形

产生原因为原木材含水率过高，或树种易变曲变形，或受力不妥，或杆件的两侧环境湿度不相同。较少量的变形，可在凹处加湿后进行绑扎处理，待恢复原形后再拆除绑扎物，一般为拆下调换。由于湿度不同的原因，或是改变使用环境，或是调换为不易变曲的树种。

（3）虫眼节疤

虫眼节疤可以直接用油腻或木塞修补，或给以调换。

（4）杆件折断

由于使用或搬运不当，造成杆件折断，对于非主要受力杆件或不影响外观形象的杆件，则可以使用胶粘剂粘结，否则调换。

（5）榫接松动脱开

由于木材的含水率过高，或木质松软，或使用不当，或榫眼与榫舌之间配合不当，榫接结构松动脱开，使用胶粘剂与木榫进行加固。

（6）花饰中局部脱落

由于操作不当，或处于裂纹局部区域，造成局部花饰细部脱落，可用无色胶粘剂粘接。

（7）木框架变形

由于杆件弯曲变形，造成木框架结构变形，或榫接节点松动，木框架下垂变形。微小变形，可修正杆件的形状，或纠正榫接结构的位置并加楔，变形严重者，则调换。

（8）结构变形

木制品的整个结构翘曲，不方正，则需拆散重新拼装。

（9）朽木

由于选料不慎，使用了朽木、木节疤、横纹木、开裂木，则应随时发现随时调换。

（10）榫接爆裂

榫接拼装时发现榫接结构爆裂，则立即调换。

（11）制作损伤

对于戗槎、刨痕、毛刺、锤印、刀迹、脱棱、刻印、接缝、交角交圈，应仔细操作，采用合理的方法加工，尽量避免上述现象的出现。

（12）气鼓现象

对于两面蒙板或附着于墙身的木制品，受到水气与冷热气流的影响，会发生气鼓与结露现象。只需在木制品的上下两端做上足够数量的透气小孔，则可避免这种现象的形成。

（13）图案线角不清

雕刻图案的线角不清晰、层次不分明，影响了图案的美观形象，应进一步的雕刻修补，直至达到设计要求的标准为止。

（14）车木线型不一致

车木的线型不一致、凹凸台级不匀称，则应深化车削加工，若无法改正，则应换去此杆件，重新加工，直至车削合格后才可。

五、模 拟 试 题

（一）**判断题** （认为对在括号内打"√"，认为错的在括号内打"×"。）

1. 木材按树种分有针叶树与阔叶树两大类。（√）

2. 阔叶树叶子显针状，树干一般长而直，纹理直，材质均匀，木质较软，加工比较容易。（×）

3. 针叶树的树干一般较短，材质较硬，木纹扭曲，易开裂变形。（×）

4. 木材的构造是决定木材性能的主要因素。（√）

5. 用肉眼或借助低倍放大镜所能见到的木材构造特征为宏观特征，也叫木材的粗视特征。（√）

6. 径切面是与树干纵向轴线垂直锯割的切面，横切面是通过髓心的纵向切面，弦切面是垂直于端面与年轮相切的纵向切面。（×）

7. 树木一般分为树皮、木质部和髓心三个主要部分。（√）

8. 木质部是木材的主体，其构造特征包括年轮、早材和晚材、边材和心材，树脂道、管孔、轴向薄壁组织、木射线和波痕等。（√）

9. 从横切面可以看到，围绕髓心一圈圈呈同心圆分布的木质层，称为月轮。（×）

10. 年轮实际上就是树林在生长过程中，每年形成层向内生长的一层。（√）

11. 在树木中心由第一轮年轮组成的初生木质部分称为髓心（又称树心）。（√）

12. 从髓心呈射线状穿过年轮的条线称为髓线。（√）

13. 边材指木材横切面上靠近树心的部分，颜色比较深。（×）

14. 边材指距离树皮近的，木质色泽淡的部分。（√）

15. 木材纹理是指各种细胞的排列情况。（√）

16. 根据年轮的宽窄和变化缓急，可分为大纹理和小纹理。（×）

17. 根据木纹方向可为直纹理、斜纹理、乱纹理。（√）

18. 对于木材的开裂、变形、霉斑、蛀洞等不良现象的控制，这也是木材外观质量上的基本要求。（√）

19. 木材中的水分，指的是存在于细胞腔内的自由水、存在于细胞壁内的吸附水、构成细胞化学成分的化合水三部分。（√）

20. 木材的含水量，以木材所含水质量与木材干燥质量的比值，即用含水率（%）表示。（√）

21. 当木材的含水率与空气相对湿度已达平衡而不再变化时，此时的含水率叫作平衡含水率。（√）

22. 水运或长期贮存在水中的木材，其含水率甚高，达到、超过纤维饱和点的含水量，称为湿材。（√）

23. 将木材置于适当的地方，让其自然干燥，含水率接近平衡含水率的木材，称为气干材，含水率一般在15%左右。（√）

24. 试验研究中，将木材干燥到不含自由水和吸附水的状态，此时的木材称为全干材，又称为绝干木材。（√）

25. 木材在不均匀的干燥过程中，或受到外力的震动，常出现裂缝，一般叫开裂。（√）

26. 沿射线方向开裂的叫轮裂。（×）

27. 沿年轮方向开裂的叫径裂。（×）

28. 木材的力学性质是指木材抵抗外力作用的能力。（√）

29. 木材抵抗外力达到破坏时的应力称为极限强度，简称强度。（√）

30. 力的方向与木纹纤维方向一致时，称为顺纹受力，一般强度很低。（×）

31. 力的方向与木纹纤维方向垂直时称为横纹受力，一般强度最高。（×）

32. 方向介于顺纹和横纹之间时，称为斜纹受力，其强度介于顺纹和横纹之间。（√）

33. 木纹受剪的形式有顺纹剪切、横纹剪切和横截木纹剪切三种。（√）

34. 含水率越小，则强度及弹性模量均降低，对受压、受弯、受剪及承压的影响较大。（×）

35. 在含水量不变的情况下，木材的单位体积的重量越大，则强度愈低，且成直线关系。（×）

36. 木节与周围木材全部紧密相连，质地坚硬、构造正常这种，称为活节。（√）

37. 死节是由树木的枯枝形成的，它与周围木材部分脱离或全部脱离。（√）

38. 木材受到真菌侵害，逐渐改变其结构和颜色，使细胞壁受到破坏，变得松软易碎，甚至呈筛孔状或粉末状等形态，这种形状叫作腐朽。（√）

39. 将木材加工过程中产生的边皮、碎料、刨花、木屑等剩余料，经机械和化学加工，能制作成各种板材，这种板材叫作人造板材。（√）

40. 胶合板是原木经软化处理后旋切成薄板，再经干燥，涂胶，按木纹纹理纵横交错重叠起来经热压机加压而成。（√）

41. 量具的正确与否，直接影响到产品的形状和几何尺寸精确程度，尤其是要求较高的木制模具、木制模型，在这方面显得更为严格。（√）

42. 木材的配料出料率，可以通过木节、裂缝、翘曲变形、腐蚀、变质等缺陷的程度大小而决定，因此必须严格控制缺陷木材的数量，以保证一定的配料出料率。（√）

43. 对于各种手工工具，一般采用操作者谁使、谁保管、谁自备的原则。（√）

44. 线脚，是指表面呈线状的凹凸形式，主要起装饰作用。（✓）

45. 木线脚的纵向表现形式主要有直线状和曲线状两种。（✓）

46. 凹进线脚或凸出线脚可能单独存在，也可能共同存在于同一个杆件上，人们常把凹进或凸出的数量作为线脚的名称，如三道线，即有三道凹进线或三道突出线。（✓）

47. 线脚的存在，能够清楚地区分两个不同的区域，有助于不同区域所显示出不同属性。（✓）

48. 线脚存在，起到某种指向、集中、散发等的导向作用，组织人们的视觉注意力。（✓）

49. 选择线脚的制作组合形式，即选择现制整体式还是预制装配式。（✓）

50. 板材的画线取材排列有顺年轮与反年轮两种。（✓）

51. 检验小度脚的方法叫"里口外腰法"。（✓）

52. "里口"指壁板里身上端的尺寸。（✓）

53. "外腰"指壁板外侧"腰部"尺寸。（✓）

54. 要使壁板连成桶器后与口径要求相符，要预先比较精确地算出桶器的圆周长，根据圆周的尺寸量出需要多少经过侧缝刨削好的壁板，这叫作排板。（✓）

55. 木尺排板法：在木尺上量出计算出来的尺寸，然后再将木尺安放于平坦的地上，壁板里身向下，从木尺起点的一头起，将板紧贴排列，直至木尺量出的地方为止。（✓）

56. 打粗就是对桶外身初步刨削，其作用是将桶坯外部粗糙不同的面刨去，使其初呈圆模。（✓）

57. 箍有竹箍、铁箍与铜箍等几种，竹箍用竹篾套穿而成，铁箍与铜箍用铁条或铜条经铆接而成。（✓）

58. 底脚箍，一般应使用扳钳安装，然后用抽头紧箍，中间箍可用手套上后使用抽头紧箍。对于竹箍，一般应使用木质抽头紧箍。（✓）

59. 坚固、美观、简便，在榫接结构设计中，这三者之间是辩证关系，并随木制品、木构件的功能、地位不同而有些区别和侧重。（√）

60. 木杆件相互之间依靠承插关系联结起来，并承受一定的外力荷载。这种承插关系叫作榫接。（√）

61. 根据承插的形式不同，分为插入式榫接与搭扣式榫接两大类。（√）

62. 在榫头杆件的厚度不足，杆件受力不大，或因装配需要等情况下采用边榫。（√）

63. 双榫比单榫（边榫、中榫）强度高得多，又不易扭动、断裂，适用于受力大的杆件。（√）

64. 从一个榫舌的中间，去除榫舌的一部分，这种做法叫分榫。（√）

65. 双面斜角榫有明榫和暗榫两种方式。（√）

66. 半角榫又叫了角榫。半角榫的特点是榫眼旁的一边被切割一长角，让榫舌旁的相应一边加长一长角，以便嵌入。（√）

67. 木雕根据使用的木材质地不同，分为超硬质木雕、硬质木雕和软质木雕三大类。（×）

68. 木雕根据应用和装饰的范围不同，有建筑雕刻、家具雕刻、陈设雕刻三大类。（√）

69. 木雕所用的木料，应与木雕饰件的使用功能相一致，能适应所在环境，并方便于雕刻加工的树种。（√）

70. 锯路的大小及齿距的稀密排列，要根据工件的厚薄、质地坚硬与松软而决定。（×）

71. 坚硬的厚板，锯路要宽，齿距可稍稀一点；松软的薄板，锯路要窄，齿距可密。（√）

72. 四面齿的锯路条纹平整、光滑，比较适合于锯大木板。（×）

73. 圆凿用于凿削各种大小不同的外圆面、内圆面。（√）

74. 斜角凿多用于剔削各种槽沟、斜面、边沿直线刻削等。（√）

75. 叉凿主要用于雕刻外圆面或线条的倒角。（√）

76. 单线阴刻的刻花操作最为简单，使用的工具主要是三角凿。（√）

77. 单线阴雕的操作方法，是用三角凿根据图样的花纹，刻出粗细匀称的线条，显示图案。（√）

78. 阳雕的主要工具是圆翘凿和三角凿。（×）

79. 阴雕，在雕刻技法上相当于篆刻艺术中的"白文印"，具有典雅、古朴的世态效果。（√）

80. 镂空雕时，运弓有正弓与反弓的区别。（√）

81. 反弓就是拉弓时，顺着图案线条由里向外也就是由左向右转。（×）

82. 凿粗坯的主要工具是木槌与凿子。（√）

83. 凿粗坯的凿子主要是平凿与圆凿。（√）

84. 细饰俗称"了工"，亦称"了细"。它是整个镂空雕刻的最后一道工序。（√）

85. 浮雕，是指雕刻图案中的空白部分被彻底挖空的雕刻。（×）

86. 木雕中的透雕有锼空雕和镂空雕两种。（√）

87. 透雕饰件的图案表面雕刻处理，有单面、双面、正面及反面四种。（×）

88. 浅浮雕的细饰也不外乎有真实性、装饰性、借喻性三种，一般多用装饰性与借喻性。（√）

89. 木材浮雕是在木料上将所要表现的图案形象凸起，与阴雕相反，雕刻技法上属于"阳文"。（√）

90. 图谱，指的是图案的样本，一般有好多种类的图样所组成。（√）

91. 图谱按图案所表达的内容分：几何形、花草、飞鸟、动物等。（√）

92. 雕花脚制作，是指"家具中的腿脚底盘构件进行部分的雕刻制作以满足这些构件的雕花饰面要求。"（√）

93. 斗栱各杆件的尺寸以"口"为标准，分别把斗、翘、栱、昂、蚂蚱头等杆件一一制好，分别堆放整齐。（√）

94. 斗栱在我国的古代建筑中，不仅在结构和装饰方面起着重要的作用，而且在制定建筑各部分和各种构件的大小尺寸时，都以它做度量的基本单位。（√）

95. 外檐斗栱又分为上檐斗栱和下檐斗栱，但所处位置都在檐部柱头与额枋之上。（√）

96. 斗栱的种类很多。若从大的方面分，有内外檐之分。（√）

97. 在檐柱缝以外的拱子叫"内拽栱子"，在檐柱缝以内的拱子叫"外拽栱子"。（×）

98. 不合格的产品不得进入市场，也不得进入下一道工序，必须进行修复或作报废处理。（√）

99. 对于工件、产品的质量水平，一般有优良、及格、不及格及暂定级四个等级。（×）

100. 对于质量通病的处理，一是预先采取相应的措施，以防其产生，二是产生后形成缺陷，则尽量加以修复。（√）

(二) 选择题

1. ____树叶子显针状，树干一般长而直，纹理直，材质均匀，木质较软，加工比较容易。（B）

    A. 阔叶   B. 针叶

    C. 大叶   D. 小叶

2. ____是垂直于端面与年轮相切的纵向切面。（A）

    A. 弦切面   B. 横切面

    C. 径切面   D. 直切面

3. 从____可以看到，围绕髓心一圈圈呈同心圆分布的木质层，称为年轮。（B）

    A. 弦切面   B. 横切面

    C. 径切面   D. 直切面

4. 每个年轮内，靠里面的一部分是树木生长季春季形成的，

颜色较淡，材质较软，因而叫作____。（A）

    A. 春材　　　　　　　　　B. 夏材

    C. 秋材　　　　　　　　　D. 冬材

5. 从横切面可以看到，围绕髓心一圈圈呈同心圆分布的木质层，称为____。（D）

    A. 日轮　　　　　　　　　B. 夜轮

    C. 月轮　　　　　　　　　D. 年轮

6. ____指木材横切面上靠近树心的部分，颜色比较深。（B）

    A. 边材　　　　　　　　　B. 心材

    C. 外材　　　　　　　　　D. 内材

7. 根据年轮的宽窄和变化缓急，可分为____和细纹理。（A）

    A. 粗纹理　　　　　　　　B. 直纹理

    C. 斜纹理　　　　　　　　D. 乱纹理

8. 根据木纹方向可为____纹理。（D）

    A. 直纹理　　　　　　　　B. 斜纹理

    C. 乱纹理　　　　　　　　D. 以上都是

9. 木纹花纹中较美观的有以下几种基本形式：____（D）

    A. 皱状花纹　　　　　　　B. 波浪花纹

    C. 鸟眼花纹　　　　　　　D. 以上都是

10. 木材的种类很多，一下子要识别木材的树种，的确是比较困难。一般识别树种的方法如下：____（D）

    A. 从木材色泽中识别

    B. 从木材的气味中识别

    C. 从树皮的形状与颜色来识别

    D. 以上都是

11. 木材的____，以木材所含水质量与木材干燥质量的比值。（A）

    A. 含水量　　　　　　　　B. 平衡含水率

    C. 湿材　　　　　　　　　D. 干材

12. 一般的树木，____方向干缩最小，平均为 0.1% ～

0.35％；径向干缩大，为3％～6％；弦向干缩为最大，为6％～12％。（C）

　　A. 纵纹　　　　　　　　　B. 横纹
　　C. 顺纹　　　　　　　　　D. 逆纹

13. 在木结构中不允许木材____受拉。（B）
　　A. 纵向　　　　　　　　　B. 横向
　　C. 顺向　　　　　　　　　D. 逆向

14. 沿树干纵向开裂叫____。（C）
　　A. 纵裂　　　　　　　　　B. 轮裂
　　C. 劈裂　　　　　　　　　D. 径裂

15. 木材在不均匀的干燥过程中，或受到外力的震动，常出现裂缝，一般叫作____。（D）
　　A. 纵裂　　　　　　　　　B. 轮裂
　　C. 劈裂　　　　　　　　　D. 开裂

16. 力的方向与木纹纤维方向垂直时，称为____，一般强度最低。（B）
　　A. 纵纹受力　　　　　　　B. 横纹受力
　　C. 顺纹受力　　　　　　　D. 逆纹受力

17. 力的方向与木纹纤维方向一致时，称为____，一般强度很高。（C）
　　A. 纵纹受力　　　　　　　B. 横纹受力
　　C. 顺纹受力　　　　　　　D. 逆纹受力

18. 温度的变化也会影响木材的强度，木材的温度增加，则强度____。（A）
　　A. 降低　　　　　　　　　B. 不变
　　C. 升高　　　　　　　　　D. 以上都不是

19. 木纹受剪的形式有几种，____。（D）
　　A. 顺纹剪切　　　　　　　B. 横纹剪切
　　C. 横截木纹剪切　　　　　D. 以上都是

20. 在含水量不变的情况下，木材的单位体积的重量越大，

则强度愈高，且成____关系。（A）

    A. 直线   B. 曲线

    C. 波纹线   D. 中线

21. 腐朽初期对材质影响较小。腐朽后期，严重地影响木材的物理、力学性质，使其颜色、外形发生变化，____降低。（D）

    A. 强度   B. 硬度

    C. 韧性   D. 以上都是

22. 树干的活枝条或死枝条经树木修枝或锯解后，于木材表面出现的枝条切断或剖开的断面，称为____。（A）

    A. 木节   B. 结节

    C. 死节   D. 打节

23. 木节与周围木材全部紧密相连，质地坚硬、构造正常这种，称为____。（D）

    A. 木节   B. 结节

    C. 死节   D. 活节

24. ____是由树木的枯枝形成的，它与周围木材部分脱离或全部脱离。（C）

    A. 木节   B. 结节

    C. 死节   D. 活节

25. 锯材按其厚度和宽度的关系，分为板材和方材两种。宽大于厚3倍以上者，叫作____。（A）

    A. 板材   B. 方材

    C. 圆材   D. 块材

26. 对于____，则可以尺座紧贴一平直棱边，左右调头画出相应尺翼所指的垂直线，若两垂直线重合，则合格可用；若不重合，则应进行修整，直到垂直线重合为止。（D）

    A. 托线板   B. 水平尺

    C. 靠尺   D. 曲尺

27. 对于____则可以紧靠一个面，分别前后两侧面调头测定同一根垂直线，若二次情况相同，则合乎要求，否则必须修整到

合格为止。（A）

    A. 托线板   B. 水平尺

    C. 靠尺   D. 曲尺

28. 木材的树种，可以通过树皮、木质纤维的色质、年轮与硬度、____、重量等外观特征，基本上能够确定。（D）

    A. 结构   B. 气味

    C. 髓线   D. 以上都是

29. 木材的配料____，可以通过木节、裂缝、翘曲变形、腐蚀、变质等缺陷的程度大小而决定，因此必须严格控制缺陷木材的数量。（B）

    A. 平水率   B. 出料率

    C. 饱和率   D. 含水率

30. 对操作环境的检查，一般有以下内容：____。（D）

    A. 安全生产的情况   B. 操作条件

    C. 环境的文明程度   D. 以上都是

31. 图稿的绘制步骤，先画出____，再画出____，接着画出____，最后画出____等相应的图形线。（A）

    A. 定位线（轴线、控制线、中心线、基准线）→总体轮廓线→细部界线→尺寸标注线、索引、剖切

    B. 总体轮廓线→定位线（轴线、控制线、中心线、基准线）→细部界线→尺寸标注线、索引、剖切

    C. 总体轮廓线→细部界线→定位线（轴线、控制线、中心线、基准线）→尺寸标注线、索引、剖切

    D. 定位线（轴线、控制线、中心线、基准线）→细部界线→总体轮廓线→尺寸标注线、索引、剖切

32. ____是指表面呈线状的凹凸形式，主要起装饰作用。（A）

    A. 线脚   B. 凹脚

    C. 凸脚   D. 直脚

33. 木线脚的____表现形式主要有直线状和曲线状两种。

（A）

    A. 纵向   B. 横向

    C. 顺向   D. 逆向

34. 线脚的功能主要是装饰作用，具体表现在以下几个方面：____。（D）

    A. 美化作用   B. 分隔、界定作用

    C. 导向作用   D. 以上都是

35. "____"指壁板里身上端的尺寸。（A）

    A. 里口   B. 外口

    C. 外腰   D. 内腰

36. "____"指壁板外侧"腰部"尺寸。（C）

    A. 里口   B. 外口

    C. 外腰   D. 内腰

37. ____：用一根竹篾量下计算出来的圆周尺寸，在头上或板里身上端逐一量过，量至所需尺寸为止。（C）

    A. 里口外腰法   B. 外口内腰法

    C. 围篾排板法   D. 木尺排板法

38. 锯脚的质量要求是使桶坯上口径与下口径均____于水平面。（B）

    A. 垂直   B. 平行

    C. 正向   D. 反向

39. ____：在木尺上量出计算出来的尺寸，然后再将木尺安放于平坦的地上，壁板里身向下，从木尺起点的一头起，将板紧贴排列，直至木尺量出的地方为止。（D）

    A. 里口外腰法   B. 外口内腰法

    C. 围篾排板法   D. 木尺排板法

40. ____就是对桶外身初步刨削，其作用是将桶坯外部粗糙不同的面刨去，使其初呈圆模。（C）

    A. 打里   B. 打外

    C. 打粗   D. 打细

41. ____一般应使用扳钳安装，然后用抽头紧箍，中间箍可用手套上后使用抽头紧箍。（A）

A. 底脚箍　　　　　　　　　B. 中间箍

C. 高脚箍　　　　　　　　　D. 抽头紧箍

42. 在进行榫接结构的设计中，应达到以下____要求和目的。（D）

A. 坚固　　　　　　　　　　B. 美观

C. 简便　　　　　　　　　　D. 以上都是

43. 木杆件相互之间依靠承插关系联结起来，并承受一定的外力荷载。这种承插关系叫作____。（A）

A. 榫接　　　　　　　　　　B. 中榫

C. 双榫　　　　　　　　　　D. 减榫

44. 插入式榫接是指榫舌穿塞于榫眼中，因而结合比较牢固，可承受____方向的外力荷载。（D）

A. 一个　　　　　　　　　　B. 两个

C. 三个　　　　　　　　　　D. 多个

45. ____是指榫头填卧于榫眼中，结合能力的方向性比较明显，随外力荷载的方向受到较大的限制。（B）

A. 插入式榫接　　　　　　　B. 搭扣式榫接

C. 双榫　　　　　　　　　　D. 减榫

46. ____其榫舌在榫头杆件端部的中间，两边都有榫肩，因而叫双肩榫。（B）

A. 榫接　　　　　　　　　　B. 中榫

C. 双榫　　　　　　　　　　D. 减榫

47. 双榫，指榫头杆件的一端并排存在____榫舌。（B）

A. 一个　　　　　　　　　　B. 两个

C. 三个　　　　　　　　　　D. 多个

48. ____是指将榫舌锯掉一部分，破除标准榫舌的原有大小和形状，这种方法又叫"破榫"。（D）

A. 榫接　　　　　　　　　　B. 中榫

C. 双榫　　　　　　　　D. 减榫

49. 从一个榫舌的中间，去除榫舌的一部分，这种做法叫____。（A）

A. 分榫　　　　　　　　B. 中榫
C. 双榫　　　　　　　　D. 减榫

50. 杆件组合（一般垂直相接）时，外观拼接呈斜向布局，这种榫接结构叫作____。（C）

A. 分榫　　　　　　　　B. 中榫
C. 斜角榫　　　　　　　D. 减榫

51. 单面斜角榫适用于只需____具有装饰观赏要求的杆件组合的场合。（C）

A. 多面　　　　　　　　B. 双面
C. 单面　　　　　　　　D. 以上都不是

52. ____的做法常有平肩和夹斜肩两种做法，前者费工费时，后者省料省时，但榫眼的强度有所减弱，结合力不如前者。（A）

A. 单面斜角榫　　　　　B. 双面斜角榫
C. 多面斜角榫　　　　　D. 中榫

53. ____是指杆件榫接处正、反两面均作斜角处理。（B）

A. 单面斜角榫　　　　　B. 双面斜角榫
C. 多面斜角榫　　　　　D. 中榫

54. ____一般用于台面部件的角部等处，其制作难度较大。（D）

A. 单面斜角榫　　　　　B. 双面斜角榫
C. 多面斜角榫　　　　　D. 三面斜交榫接

55. ____有明榫和暗榫两种方式。（C）

A. 分榫　　　　　　　　B. 中榫
C. 双面斜角榫　　　　　D. 减榫

56. 半角榫又叫____。半角榫的特点是榫眼旁的一边被切割一长角，让榫舌旁的相应一边加长一长角，以便嵌入。（C）

A. 分榫　　　　　　　　　　B. 中榫

C. 双面斜角榫　　　　　　　D. 角榫

57. 木雕根据制作工艺的不同，有＿＿贴花雕、立体圆雕等。（D）

A. 浮雕　　　　　　　　　　B. 浅雕

C. 镂空雕　　　　　　　　　D. 以上都是

58. 木雕根据使用的木材＿＿不同，分为硬质木雕和软质木雕两大类。（A）

A. 质地　　　　　　　　　　B. 大小

C. 色泽　　　　　　　　　　D. 以上都是

59. ＿＿的锯路条纹平整、光滑，比较适合于锯镂薄木板。（D）

A. 一面齿　　　　　　　　　B. 二面齿

C. 三面齿　　　　　　　　　D. 四面齿

60. ＿＿主要用于铲削较大的平面，及较多余量的凿削和直线凿削。（D）

A. 圆凿　　　　　　　　　　B. 斜角凿

C. 犁头凿　　　　　　　　　D. 平口凿

61. ＿＿用于凿削各种大小不同的外圆面、内圆面。（A）

A. 圆凿　　　　　　　　　　B. 斜角凿

C. 犁头凿　　　　　　　　　D. 平口凿

62. ＿＿多用于剔削各种槽沟、斜面、边沿直线刻削等。（B）

A. 圆凿　　　　　　　　　　B. 斜角凿

C. 犁头凿　　　　　　　　　D. 平口凿

63. ＿＿主要用于雕刻槽沟、叶脉和板面浅刻花纹。（C）

A. 圆凿　　　　　　　　　　B. 斜角凿

C. 犁头凿　　　　　　　　　D. 三角凿

64. ＿＿主要用于雕刻外圆面或线条的倒角。（D）

A. 圆凿　　　　　　　　　　B. 斜角凿

C. 犁头凿   D. 叉凿

65. ____是木雕工艺在"细饰"中起画龙点睛、装饰美化作用的一种必不可少的工具。（D）

A. 圆凿   B. 斜角凿

C. 犁头凿   D. 三角凿

66. 单线阴刻的刻花操作最为简单，使用的工具主要是____。（D）

A. 圆凿   B. 斜角凿

C. 犁头凿   D. 三角凿

67. 单线阴雕的操作方法，是用____根据图样的花纹，刻出粗细匀称的线条，显示图案。（D）

A. 圆凿   B. 斜角凿

C. 犁头凿   D. 三角凿

68. ____在雕刻技法上相当于篆刻艺术中的"白文印"，具有典雅、古朴的世态效果。（B）

A. 镂空雕   B. 阴雕

C. 块面阴雕   D. 阳雕

69. ____的优点是操作简单、画面古朴简洁、典雅，具有独特的艺术魅力，用这种形式装饰雕刻的木板箱、橱柜、屏风等独具艺术风采。（C）

A. 镂空雕   B. 单线阴雕

C. 块面阴雕   D. 阳雕

70. 镂空雕时，____有正弓与反弓的区别。（C）

A. 远弓   B. 近弓

C. 运弓   D. 动弓

71. ____就是拉弓时，顺着图案线条由里向外也就是由左向右转。（C）

A. 远弓   B. 近弓

C. 正弓   D. 反弓

72. 正弓就是拉弓时，顺着图案线条由里向外也就是由

____。（A）

    A. 左向右转   B. 右向左转

    C. 前向后转   D. 后向前转

73. ____是凿粗坯的下一道工序。它的主要任务是修粗坯为光坯，将图案的设计要求比较细致地表现出来。（B）

    A. 细饰   B. 修光

    C. 反弓   D. 正弓

74. 凿粗坯的凿子主要是平凿与____。（A）

    A. 圆凿   B. 方凿

    C. 弯凿   D. 木槌

75. ____俗称"了工"，亦称"了细"。它是整个镂空雕刻的最后一道工序。（A）

    A. 细饰   B. 修光

    C. 阴雕   D. 镂空雕

76. ____是指雕刻图案中的空白部分被彻底挖空的雕刻。（B）

    A. 浮雕   B. 透雕

    C. 阴雕   D. 镂空雕

77. 木雕中的____有镂空雕和镂空雕两种。（B）

    A. 浮雕   B. 透雕

    C. 阴雕   D. 镂空雕

78. 浅浮雕的修光其关键就是____。（B）

    A. 起底   B. 铲底

    C. 卧底   D. 底部

79. 铲底子要细心，不可求快心切地将画面线脚处铲干净就算，使留在板料上画面的空白部分即底子呈"馒头型"，这样便会失去浮雕的____。（A）

    A. 艺术价值   B. 社会价值

    C. 经济价值   D. 收藏价值

80. 木材浮雕是在木料上将所要表现的图案形象凸起，与阴

雕相反，雕刻技法上属于"___"。（B）

A. 阴文　　　　　　　　B. 阳文

C. 正文　　　　　　　　D. 反文

81. ___指的是图案的样本，一般有好多种类的图样所组成。（D）

A. 浮雕　　　　　　　　B. 透雕

C. 阴雕　　　　　　　　D. 图谱

82. 图谱按图案的应用分，有___牙板、云板、床罩、挂落、飞罩、靠背、扶手等。（D）

A. 插角　　　　　　　　B. 贴花

C. 脚腿　　　　　　　　D. 以上都是

83. 图谱按图案所表达的内容分：___飞鸟等。（D）

A. 插角形　　　　　　　B. 花草

C. 动物　　　　　　　　D. 以上都是

84. 贴花雕的制作装饰步骤有___。（D）

A. 贴花图样的设计　　　B. 贴花制作

C. 粘贴花样　　　　　　D. 以上都是

85. 贴花雕产生于___世纪初，随着西方资本主义国家对我国入侵，也带来了一些西方国家的文化。（C）

A. 18 世纪初　　　　　　B. 19 世纪初

C. 20 世纪初　　　　　　D. 21 世纪初

86. 利用边角废料，节约木材这是___工艺的又一大特点。（C）

A. 浮雕　　　　　　　　B. 透雕

C. 阴雕　　　　　　　　D. 贴花雕

87. ___制作，是指"家具中的腿脚底盘构件进行部分的雕刻制作以满足这些构件的雕花饰面要求。"（D）

A. 雕花脚　　　　　　　B. 贴花雕

C. 浮雕　　　　　　　　D. 阴雕

88. 斗栱各杆件的尺寸以"___"为标准，分别把斗、翘、

栱、昂、蚂蚱头等杆件一一制好，分别堆放整齐。（A）

A. 口   B. 尺

C. 寸   D. 米

89. ____在我国的古代建筑中，不仅在结构和装饰方面起着重要的作用，而且在制定建筑各部分和各种构件的大小尺寸时，都以它做度量的基本单位。（A）

A. 斗栱   B. 透雕

C. 阴雕   D. 图谱

90. 在檐柱缝____的栱子叫"外拽栱子"。（A）

A. 以外   B. 以内

C. 之前   D. 之后

91. 由正面自下而上看，分为槽升子____等小构件，正中挑出部分有昂、翘等扣件。（D）

A. 大斗   B. 十八斗

C. 三才升   D. 以上都是

92. 一组斗栱的繁简，常以"____"数的多少为标志。（C）

A. 口   B. 尺

C. 踩   D. 米

93. 挑出一层栱子为踩，踩与踩的中心线的水平距离为一拽架，每往里外支出一拽架，就多一踩，谓之____。（B）

A. 出口   B. 出踩

C. 出栱   D. 出米

94. 木制品中常见的质量问题，一般有以下几种____。（D）

A. 杆件出现裂缝   B. 虫眼节疤

C. 结构变形   D. 以上都是

六、实操技能

（一）制作阴雕作品

任务：选一木板，将一表面磨平，然后用复写纸拓于板上，沿所拓线条用雕刻工具进行阴线雕刻。要求正确使用和选用工具并把握好力度与角度，力求线条匀称。

（二）操作练习准备

1. 材料准备

选一木板，大小约 $350 \times 350 \times 50/350 \times 420 \times 50$，将表面磨平。图案图纸（图案大小约 300×300）；复写纸；砂纸。

2. 工具准备

尖刀、窄平刀、手锤

（三）操作练习内容

1. 将木板一表面磨平，将图案用复写纸拓于石上。
2. 沿所拓线条用雕刻工具进行阴线雕刻。

（四）做法和应掌握的操作要点

要求正确使用和选用工具并把握好力度与角度，力求线条匀称。

（五）操作练习项目

1. 实例一：线刻《兰草》

2. 实例二：线刻《吉祥图案》

3. 实例三：线刻《大地》

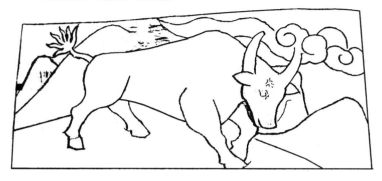

参 考 文 献

[1] 武佩牛. 精细木工. 北京：中国城市出版社，2003.
[2] 马品磊，张玉明，韩非. 建筑装饰装修工. 北京：中国环境出版社，2003.
[3] 全国建设职业教育教材编委会. 建筑装饰基本理论知识. 北京：中国建筑工业出版社，2003.
[4] 白庚胜，于法鸣. 中国民间木雕技法. 北京：中国劳动社会保障出版社，2015.